幸福驾到

XING FU
JIADAO

时代出版传媒股份有限公司
安徽文艺出版社

幸福驾到

XINGFU
JIADAO

兰心 著

时代出版传媒股份有限公司
安 徽 文 艺 出 版 社

图书在版编目(CIP)数据

幸福驾到/兰心著. —合肥:安徽文艺出版社,2014.8
ISBN 978-7-5396-5081-4

Ⅰ. ①幸…　Ⅱ. ①兰…　Ⅲ. ①女性-修养-通俗读物
Ⅳ. ①B825-49

中国版本图书馆CIP数据核字(2014)第181024号

出 版 人: 朱寒冬　　责任编辑: 朱寒冬　张妍妍
封面设计: 八牛·设计　　版式设计: 许含章

出版发行: 时代出版传媒股份有限公司　www.press-mart.com
安徽文艺出版社　www.awpub.com
地　址: 合肥市翡翠路1118号　邮政编码: 230071
营 销 部: (0551)63533889
印　制: 安徽新华印刷股份有限公司　(0551)65859551

开本: 710×1010　1/16　印张: 17.5　字数: 180千字
版次: 2014年8月第1版　2014年8月第1次印刷
定价: 32.80元

序：

致亲爱的你

亲爱的：

生命中的每一次际遇，都是注定的缘分。如同，你读到了我的书，结了这善缘，我将你尊为善良、聪明、美好、有灵性的女子。

亲爱的你，或许正在寻找幸福，希望早日找到 Mr. Right（合适的人）。

亲爱的你，或许已在幸福之中，希望爱一直保鲜，幸福一直在。

姻缘，与其说是老天爷赐予的，还不如说是自己修来的。也只有自己修好了，才会有好的姻缘。

在爱的世界里，如果能掌控自己的情感，做最好的自己，历练幸福的能力和强大的内心，始终不失去自我，你会拥有想要的幸福，并一直幸福下去。

人生中很多事情，不是不会降临，而是要选择最合适的时机。幸福也是如此。天时、地利、人和，万事俱备了，该来的自然就来了。

机会留给有准备的人，幸福也会眷顾有准备的人哦。

亲爱的，幸福驾到，你做好迎接的准备了吗？

目录

第二章 修炼爱的正能量

第三章 历练幸福的智慧

第四章 做一个温暖的女子

第五章 在亲密关系里修行

第六章　收获一生的幸福

第一章

遇见你要的爱

世界真大——人海茫茫，红尘滚滚，弱水三千，我该取哪一瓢饮？

世界真小——茫茫人海，滚滚红尘，三千弱水，我却不知去哪取一瓢饮！

问世间爱为何物，直叫人望穿秋水！

在这个世界上，不管你是萝卜还是青菜，总有喜欢你的他。最重要的是，你要找到真的喜欢本色的你的人——喜欢才能包容，包容才能长久幸福，而不是让自己扭曲，变成不是自己。想找到真正适合自己的知心爱人，要做的不是一开始就扭曲自己适应对方，而是绽放真实的自我，找到真正喜欢自己的他。

有人在前面等了你很久，你迟迟不来，他都望眼欲穿了。

每个人的青春年华里或多或少有相似的伤痛，不同的是，每个人自我的修复能力和救赎能力不一样。

往前走，别回头。

当你坚定地向前走，全世界都会为你让路。

不看过往，只惜当下，只望未来——亲爱的，这样的你，懂得爱自己，懂得珍惜眼前人，幸福自然会眷顾你。

寻找结婚对象要不要将就

> 兰心老师好！我是一个毕业六年的女孩，27 岁了。有一个小我 2 岁的男生一直对我很好，我考虑到自己的年龄比他大，心智比他成熟，一直拒绝他。我这几年通过打拼，有了属于自己的房子、车子。他现在一无所有，但他很努力，是一只潜力股。请你帮我参考一下，他适合做我恋爱结婚的对象吗？

这是一个女孩通过我的微信公众平台发来的信件。我问她：亲爱的，你和这个男生在一起时开心吗？你喜欢和他在一起吗？

她说：其实我有过跟他交往的想法，跟他在一起谈不上开心，更多的是感觉暖心吧。我在建材公司工作，见多了职场上的尔虞我诈、钩心斗角。他的出现让我原本紧绷的神经很放松，似乎回到了孩提时光，有种被照顾的感觉。但我担心和他没有共同语言，在精神、阅历以及能力上他不足以引爆我，让我变得更优秀。

我说：亲爱的，你一直在劝说自己尝试接受一个对你好的人，但在你心底，他并不是让你欣赏、心动的人，你在考虑——要不要将就着结婚。

女孩马上沿着我的引导明心见性了：是的，我内心一直有一种说不清楚的感觉，原来叫作“将就”。谢谢你，兰心，我观察观察再做决定吧。让我觉得舒服的关系才会让我开心。你说，伴侣一定要是自己心灵的导师吗？或者叫作“指引者”，在我迷茫的时候、无助的时候、绝望的时候、孤独的时候，他能引导我走出困境，在物质上虽然不需要雪中送炭，但至少能够为我锦上添花？

我说：亲爱的，找到心灵导师般的结婚对象是可遇而不可求的，但至少你的伴侣要能懂你。如果两人感情好，在经济上，他也不一定非得为你锦上添花，但求比翼双飞。

经常有女孩问类似的问题：面对父母催嫁，要不要将就着结婚？

将就，是指对事物不太满意，勉强适应、凑合。

绝大多数女性在遇到令自己心动的男人时，很少只因为他暂时的物质条件不如意而拒绝考虑与其恋爱。可见，她们将就的是物质条件以外的因素，比如，男人的长相、气质、谈吐、修养、学识……说得笼统一点，就是指——男人的魅力。

确切地说，她们应该是困惑于：要不要和在我心中魅力很将就的男人结婚呢?

同一个男人,在不同的女人眼里是不一样的:在有的女人心中很有魅力,而在有的女人心中完全没有感觉。

同样的性格,在有的人看来是无法接受的缺点,但也有人把它当成自己喜欢的优点。

每个人喜欢的类型、择偶标准不一样,所以,“将就”这个词,是相对于个人而言的。

如果自己觉得很合适,哪怕别人认为你将就了,他也是你的真命天子。

如果自己认为很将就,哪怕其他所有人都认为他很适合你,也无济于事。

有个女孩说遇到过很多不靠谱的男人,好不容易遇到一个真心真意对自己好的,对方事业有成,朋友们也怂恿她接受。她努力尝试过和他约会、相处,但和他在一起实在没话说,连空气都变得沉闷压抑,简直度日如年,还不如一个人待着开心自在!她实在无法将就。

其实有很多女性像这个女孩一样,尝试过和将就的对象接触。

只有少数女性非常明白自己想要什么样的人。在众多的追求者中,她们可以很快确定对方是不是自己的真命天子,如果不是,对方无论如何热烈追求,无论多么有恒心坚持对她好,她都会一直坚定地拒绝接受。因为，她知道如果将就着接受了也长久不了，终究会分开，与其浪费彼此的时间和精力，还不如一开始就坚定不移地拒绝，执着地等待最想要的那个人。

绝大多数女性并不知道自己想找什么样的人、对方适不适合自己，当遇见有诚心的追求者时，往往会说服自己尝试着交往，边谈边看，过一段时间之后才知道能不能继续下去。

我就是那种对待感情宁缺毋滥的女子。

亲爱的，如果你问我：要不要和在我心中魅力很将就的男人结婚？

我会回答你：不要将就。

虽然有点自我，但我就是这么想的，也是这么走过来的。

面对在我心中感觉将就的追求者，我不会将其列入结婚的考虑范畴。我明白，一辈子还很长，朝夕相处的两个人，必须相互欣赏，喜欢和对方待在一起，这样才能找到快乐幸福的感觉，否则何必结婚呢！

为结婚而结婚的婚姻，就真的成了围城。

幸福的婚姻，即便是爱情的坟墓，你也会乐意和心爱的人一起被埋葬。

感觉这玩意儿，很虚，但是却实实在在地左右着女人的选择。

而且，感觉无法勉强，也难以改变。每个人在意的“点”不一样，择偶标准也不一样。

有的女性就是“外貌协会”（意为以外貌取人）的，对于其他方面都无所谓，但他一定要长得帅！

有的女性就是在乎对方的个头高矮，高个子的男人才能让她有安全感。

有的女性就是爱钱，其他方面可以忽略不计。

有的女性就是喜欢有才情的男人，哪怕他花心又不负责任。

……

每个人都有喜欢的权利、选择的权利、坚持的权利，无论看重哪一点，其实都无可厚非。

只是，亲爱的，你要为自己的选择负责——

如果将就的情感能让你自得其乐，那么没有人会说你的选择是错误的。

但如果你无法将就，就不要拖泥带水、优柔寡断、瞻前顾后、患得患失了，微笑着谢绝他的好意，祝福他找到真正适合他的女子吧。然后坚定信念，继续前行，耐心寻找你最想要的那个人吧！

姻缘不得，相亲不止

“日日相思夜未眠，苦苦盼望能相见。”古时候，婚姻全凭父母之命、媒妁之言，婚姻之事也由媒婆张罗、父母操心。男女双方在拜堂同房之前，很难见上一面。虽然这种婚姻在现代人眼里有悖人性，但当时很少有人离婚。

五年前，一听到有人说要给我介绍对象我就排斥，认为是件“很丑”的事。后来我才明白自己好傻，太“端”。如果现在谁还排斥相亲交友，就真的 OUT（落伍）了。即使相亲一百次也不丑。

亲爱的，不要排斥相亲，只要能找到你的姻缘，无论何种方式的相识，都是通往幸福的大道；纵使相亲这条路上有再多的折腾、再多的失落，也值得付出耐心，值得锲而不舍。

人生中总有很多尴尬事必须去面对，幸福没那么容易获得。很多人反感相亲交友，是因为觉得自然而然认识的才是缘分。其实，所谓的缘分，不是等来的，而是你费尽心力苦寻而来的。找到对的人会幸福一辈子，为此，在这个过程中遭遇一些尴尬、无奈、挫败有什么关系呢？

你还会认为相亲有损颜面吗？

你还会认为相亲只是无奈的选择吗？

亲爱的，别不好意思了！大家都在相亲，相亲不存在“没面子”，况且，所谓的“没面子”“难为情”比起一辈子的幸福而言，又算什么呢？

一件你觉得难为情的事，见大家都在做，自然就不难为情了，何况还有那么多人在媒体上公开地相亲呢。

你知道那些当红明星也在相亲吗？韩国第一美女金喜善和老公朴周永的相识过程也颇为传统：在一次聚会上，两人经朋友介绍认识了。

打开心，让爱进门。幸福不拘形式。

所以，姻缘不得，相亲不止。

相亲关系到一辈子的幸福，说不定通过相亲就找到 Mr. Right 了。那么，女孩子相亲，应该注意些什么呢？

张爱玲在《谈女人》中说：“有美的身体，以身体悦人；有美的思想，以思想悦人；其实也没有多大分别。”只是，在还没来得及深入了解“美的思想”时，只能先以“美的身体”悦人了。

悦人其实是为了让他想方设法地来追求你、取悦你、爱慕你。最终，悦人是为了悦己。

采访相亲“专业户”，他们说了句实话：男人都是外貌协会的，所以，很多女性首先悦人的是“美的身体”，然后才是“美的思想”。

如何拥有美的身体？不素面朝天，也不浓妆艳抹，淡妆最相宜。相亲时第一印象至关重要。哪怕是国际巨星，也不敢完全素颜出门。普通女孩学会化妆加以修饰，是必需的。然而，也有很多女孩走极端，把相亲当成上舞台演戏剧，粉底涂了一层又一层，让对方一看就觉得脸庞好像刷了好多层粉的墙壁，戴着厚厚的粉脂面具，让人难识庐山真面目。

如何装扮得当？亲爱的，别偷懒，有关化妆的书籍、视频太多了，用心练习吧。我只想提示一点：“以思想悦人”得张口说话，嘴唇直接牵引着对方的注意力。所以，我一直非常认同可可·香奈儿说的：双唇是展现女性魅力的最佳武器。如果没涂口红，她绝不出门。我也如此。一支唇膏可以用很久，一个女人即使再俭省，也该有一支品牌口红或唇彩，这是让女人瞬间光彩照人的最简单的法宝了。所以，我的包包里，即使其他什么彩妆都不带，也会随身携带唇膏。

有的女孩，不分春夏秋冬，总是穿中性化的牛仔衣、T恤、卫衣。这样的女孩很多，在各大相亲节目里，站得最久的女嘉宾中，就有这种类型的，她们留短发，中性打扮。如果想和男人做兄弟，这样的装扮很快能让你如愿以偿。然而，在相亲时，男人要找的是女朋友，是结婚对象，她得“像个女人”。

所以，亲爱的，请务必先从形象上开始改变啊。对于穿衣的喜好，不需要太执着的，可以多尝试、多改变、多比较，然后才能找准最适合你的衣着。别怕折腾！女人就应该享受折腾的乐趣。

相亲时穿的衣服，一定得是让你看起来最漂亮的衣服，哪怕已经穿过一百次！

当你望着镜子里那副从未见过的装扮，反问自己：我可以这么美吗？是的，亲爱的，你可以这么美，你还可以更美。

没有丑女人，只有懒女人。这话每个女人都知道，可很多女人还是懒得去做。亲爱的，你知道吗？在找到幸福之前，更要保养好“资本”呀！皮肤和身材就是女人最外在的“资本”啊！只是，没有男人会这样直白地告诉你：这在相亲中，是至关重要的啊！

装扮整洁得体，这是给对方视觉上的第一印象，而从张口说话的那一刻起，就是在“以思想悦人”了。

有一位优秀的男士看多了庸脂俗粉，特别想找一个才貌双全的女子。在相亲中，他故意谈起纳兰容若的一首词。第一次见面，女孩对此并不熟悉，但第二次见面，她就能将那首词倒背如流。她的学习能力打动了他，他对这个女孩最终“二见钟情”。

女人可以不聪慧，然而，学习的能力是才女必备的。

如果一个女人像男人一样思考，聪慧地谈论那些能够吸引男人的话题，用柔美的红唇表述令男性肃然起敬的观点，她会成为一个妙不可言的女人。

女性无论是“以身体悦人”还是“以思想悦人”，相亲时，先得点燃第一把让他心动的“火”，才有后话。

很多男士说，相亲最尴尬的事情莫过于第一次见面就被女方的亲友团围观、拷问了。

很多女孩说，每次相亲，父母和七大姑八大姨总是不放心，要陪着自己一起去见男方。有的女孩子担心自己把握不准，就带着闺密同去。相亲之后闺密们各抒己见，自己越听越糊涂，完全没了主张。

古语有云：三人成虎。相亲本来是男女双方安静地坐下来聊聊天、彼此了解的过程，两个陌生人初次见面本来就很尴尬，不知所措，加上女方亲友团围观，七嘴八舌地拷问男方，男方即便对女方有好感，也对亲友团望而生畏了。再完美的男士也会因为女方亲友团成员要求不一而被挑得体无完肤。在这样尴尬窘迫的氛围下，俩人如何能找到感觉呢？如何能了解比亲友团打探的客观条件更需要了解的方方面面呢？

换个立场想一想，谁希望在还不了解对方的情况下就被其亲友团当犯人一样拷问呢？谁碰上这种情况都会反感。而很多人反感相亲就是因为觉得相亲不像随缘认识那样“有感觉”，亲友团的掺和更是让“感觉”出不来，结果，亲友团是好心帮倒忙。

相亲这种事，即便你再怎么腻烦不想面对，再怎么相信家长、相信闺密，终究还是要自己捺着性子面对。婚姻是一辈子的事，如果开始的这一关把握不了，在以后的恋爱婚姻中就会更不知如何与他相处。这一关,得自己过啊!

要和他过日子的人是你,而不是你的家人、好友,所以不能依靠别人做主。与其听亲友们各抒己见,还不如自己冷静下来,好好想清楚自己到底想要寻找什么样的人,什么样的人适合自己,哪些人可以见一次面就排除,哪些人可以在交往中进一步了解。

相亲是“姜太公钓鱼,愿者上钩”的筛选过程,不如用排除法:排除有自己忌讳的缺点的相亲对象;排除一开始就觉得不对劲、不舒服、不合适、不靠谱的相亲对象。其余的,可以进一步深入了解。

女孩子怕自己相亲时陷入“当局者迷”的境况而去征求他人意见的做法并没有错,但是,必须听取在这方面真正有智慧、理性客观的亲友的意见,而不是听大家七嘴八舌,结果自己变得更糊涂。

相亲是很多大龄青年必然面对的选择,双方的择偶标准碰撞之后找到交融点才能继续,所以势必要淘汰很多无缘人。在相亲的过程中,自己需确定喜爱什么、厌恶什么,过滤不想要的、不适合的,最终是为了淘到真正属于自己的缘分。

亲爱的,姻缘不得,相亲不止!

要不要接受配不上你的人

很多单身男女还没找到合适的人，是因为自己都不知道到底想要寻找什么样的人，什么样的人适合自己，什么样的人完全不必考虑，什么样的人可以交往着试试看。

尤其对于女孩子而言，或多或少都有追求者，面对各种追求、各种用心、各种关怀、各种体贴、各种感动，心都被搅得如乱麻一般，混淆不清，纠结彷徨，不知所措。

我的微信公众平台每天都会收到各种情感倾诉，有很多女性朋友包括男性朋友都会困惑于如何选择的问题。

我刚失恋不久，这段时间生活过得很乱。有一个男生在追我，对我很好，但我好像对他没有太多的感觉。但是如果他真的不理我，我就会觉得生活更没有盼头了。我不知道是不是爱上他了，也不知道该不该和他继续相处下去。现在我感觉他在逼我:要么在一起,要么做普通朋友。我害怕答应和他在一起会错过更合适的,拒绝他又怕失去最爱我的……好纠结啊,兰心老师帮帮我!

我问她:那么你想和他多待在一起吗?

她说:我比较喜欢和他在电话和微信里聊,但是现实中不怎么想和他见面,甚至想尽量回避。因为他胖胖的,不是我喜欢的形象。我感觉他配不上我,不知道这种想法是否正确。

我说:那你设想一下,如果你和他一辈子生活在一起,朝夕相见,他对你很好,你会开心吗?

她说:我想想就不情愿。

所以,答案很明显,其实她心里隐隐约约是知道的,但就是差一点点没想明白。我只是引导她问问自己的心,看清楚心里到底怎么想的而已。

我的意思是,如果在他追求你的阶段,你都不愿意和他见见面、待在一起,那在漫长的婚姻生活中该如何和他相处?

她的患得患失是很多女孩子共同的心理, 所遇到的问题大同小异,无非是:是抓住机会接受爱自己的人,还是等到我也爱的人出现?

遇到真心喜欢自己的追求者,多少能找出他的优点和长处,尤其是一个爱自己的人啊。然而,心里总抗拒着,觉得他还不如自己的意,不甘心、不情愿就这样情定终身。到底是拒绝还是接受呢?

亲爱的,之所以如此纠结,终究是因为你不够清楚自己到底想寻找什么样的人,即使明白,也因为信心不足而怕错失目前的追求者,也不明确他是不是“可以培养出感情”的人,甚至对于“害怕失去”和“是不是爱上他了”混淆不清。

“害怕失去”其实并非“爱上了”,而只是人性的贪欲使然。

为了保险起见,很多女孩舍不得轻易拒绝爱自己的人,想储备着做“备胎”,一边备着一边找自己也爱的人,等找到了如意郎君再彻底拒绝。貌似这样做比较有安全感。

“备胎”如鸡肋一般,食之无味,弃之可惜。

只是,时代的快节奏已经逼得男人们不得不“速战速决”了,不管他有多喜欢你,也只能在有限的一段时间内单方面付出,如果没有回应,他也只好放弃。他尽心付出,也是为了早日得到你的爱,要的并不是你的将就、同情,或者出于感动的接受。

他们没有错。你要明白,你该怎么做。

在情感的天平上,如果在爱自己的人和自己爱的人之间必须衡量轻重选择其一,一般女性会认为选择爱自己的有心理优势一些。只是,心理上的优势未必能让每个女人感受到想要的幸福和快乐。

“感觉他配不上我”——这句话很势利,但的确发自内心。很多女孩不情愿接受,就是内心隐约觉得对方配不上自己。

配与不配，这没有标准答案。但不能否认，每个人心里都藏着一杆秤，遇见什么样的人，无形中都会称一称。

“他个头比我还矮，跟他走在一起不协调……”

“他收入比我还低，我不能找个比我还弱的人……”

“他显得没什么文化，和我不搭……”

“感觉他和我不是一个世界的人，没什么共同语言……”

……

内心的嘀咕不好意思和别人说出来，但一定是左右你愿不愿意接受的真正原因！

其实，每个人本身就有选择和拒绝的权利，不管是因为你觉得对方哪一方面配不上你，都不必违心说服自己将就。

事实上，当你内心觉得他配不上你时，可能他是真的配不上你。不管在别人眼里你们如何般配，他都是不适合你的人。如果你一时糊涂选择了开始，委屈、不屑、厌恶……很快会随之而来，结果连普通朋友都做不成。

因为，将就的感情，就算有过一段过程，终究也长久不了。与其到时候再结束，还不如从一开始就理性一点、真实一点、狠心一点、坚定一点！他追求不到你，在他心中，你的形象将永远是神秘的、高不可及的。如此甚好！

亲爱的，如果你身边有“外貌协会”的女孩子，不要怪她。有些人就是在乎外在形象，如果这一条不如意，其他条件再优秀，她内心也是嫌弃的。当然，但愿有更多女孩不在意男人的外在形象，这样选择的机会就会多些。

终究，女人选择男人，不是选择“好男人”，而是选择自己中意的男人，只有这样，才能感受得到各自别样的幸福啊！

他是我的真命天子吗

很多女孩不是缺少人追求，而是被众多追求者迷住了眼，搅乱了心，分不清谁才是自己的真命天子，不知道该果断拒绝谁，不知道该给谁机会，不知道该珍惜谁……

总之，追求者越多，心里越乱，像一团乱麻一般理不清。

“眼前这个追求者，口口声声说很喜欢我。接受他？可是我还没找到喜欢他的感觉。拒绝他？又怕错失……”

“他是我喜欢的类型，但他对我不冷不热，我该不该主动追求他呢？……”

“他说要和我结婚，我是盼着结婚，可我们才认识，相互都不了解呢。可万一错过了一个结婚对象呢？我该怎么办？……”

……

女孩子因为感性，因为盼嫁，在感情的事情上容易当局者迷，判断失误。尤其遇到善于表白、锲而不舍、善于制造浪漫的男人，就招架不住，误以为他就是自己的真命天子了，后来才发现这段感情其实是“烂桃花”，不是真正的姻缘。

一个女孩来工作室咨询，说家里催婚，最近她通过某相亲网站认识了一个人，两人在网上聊得挺热火。对方头两次见面就开始谈结婚的事，像模像样的。她暗自欣喜，以为找到了期待多年的真命天子，马上要像童话故事里的公主一样和王子走入婚姻的殿堂了……她带他到单位见了同事，告诉了父母自己快要结婚的消息，两人很快同居了。可好景不长，不久后，对方说要出差，结果再也没有音讯了……女孩蒙了，怎么都想不明白是怎么回事……

这年代有太多“风一样”的男子，来无影，去无踪。你把他当真命天子，其实他只是你生命里刮过的一阵风而已。

另一个女孩说邂逅了一个男生，彼此一见钟情。刚开始，两人无话不说，恨不得马上结婚。可同居相处后才发现，两个人的性格冲突非常大，吵架不断，有时还大打出手，原来一见钟情的感觉荡然无存。感觉来得快，去得也快，两人很快分手。

我们容易把初相识时感觉好的人看成是真命天子，而其实，刚开始的感觉好并不代表能相处得好，相爱容易相处难，而婚姻需要一辈子的相处啊！

有的男人，是真心喜欢你，却没有信心娶你为妻，顾虑重重，怕给不了你幸福——即便你并不在乎他能给你什么。然而，没有信心娶你的男人，终不是你的真命天子。让他暗恋下去吧，他注定是只能默默把你放在心里、带着心痛祝福你的那个人。

有的男人，和你认识很久了，朋友不像朋友，恋人不像恋人，有点暧昧，忽远忽近，热一阵冷一阵，热的时候连续好几天追着向你求婚，冷的时候半年不见人影。正常的恋人之间必然有持续的联系，他不是你的真命天子，把他当成朋友吧，感情或浓或淡都无关紧要。

有的男人，很喜欢你，但彼此性格极其合不来，他的喜欢带给你的是压抑和负担，你过得一点都不快乐，还不如一个人时开心，朋友们从你脸上的忧郁就能看出你的恋情并不快乐。我们结束单身，渴望和对方在一起，是希望两个人在一起比一个人更舒心、更幸福。只有爱却不能让你开心的男人不是你的真命天子。亲爱的，别留恋那份爱了，你并不缺这样的爱，而是缺少让你幸福快乐的爱。

有的男人，你完全不了解他，认识之初，他很会自我包装，把自己说得近乎完人，信誓旦旦地说结婚后会对你多好。这样的人只是想快点和你发生关系。没有耐心、不懂珍惜你的男人不是你的真命天子。真正诚心想结婚的人不会夸夸其谈，不会只把爱挂在嘴边而不行动，不会急不可待地想占有你的身体。这样的男人，他既然将自己说得那么优秀，应该有足够的自信被你拒绝喽，嘿嘿。

有的男人，痛诉婚姻的不幸，感叹和你相见恨晚，似乎一切都合乎你的心意——除了不是自由身。他一边要你等他离婚，一边转身和老婆孩子尽享天伦之乐。亲爱的，这样的男人不可能是你的真命天子，不要抱着他会离婚的幻想了，能走在阳光下的两个人才会幸福。

如果他是你的真命天子，他一定不会把“喜欢你”停留在嘴上只是说说，而一定会用实实在在的行动传达对你的爱。无论发生任何事，你都能真真切切地感受到他的诚意、他的在乎、他的心疼，绝不会困惑地问其他人：“他对我好吗？”你一定能肯定他对你是真的好。他是你一辈子的爱人，如果他不能对你好，为什么要嫁给他呢？

如果他是你的真命天子，一定不会以忙为借口冷落你，不关心你，不见你。一个男人如果真的想娶你，他一定会在百忙之中主动联系你，无论用何种方式。他也会千方百计让你开心，留意你喜欢吃的菜，关注你关注的事物，打听你的兴趣爱好。如果他总说很忙，一定是他不那么想见你，或还在犹豫要不要和你发展下去，否则，再忙也能在吃饭、睡觉的时间里挤出时间和你联系。

如果他是你的真命天子，他喜欢真实的你，懂得你的好，他会耐心倾听你的声音，了解你的内心世界。人世间有百媚千红，他独爱你这一种。你在他面前能打开心扉，畅所欲言，释放真实的自我。真实，舒心，自在。

如果他是你的真命天子，在你需要他的时候，他不会以任何借口推托，不会只是用“对不起”“我爱你”哄你，无论相隔千山万水，他都会第一时间赶到你身边，陪伴你，照顾你。一百句“我爱你”不如一句“我们在一起”实在。

如果他是你的真命天子，他会理解并支持你做真实的自己，做喜欢的事情，不会强迫你为他改变，为他牺牲——他知道怎样的你会很开心。

在这个世界上，不管你是萝卜还是青菜，总有喜欢你的他。最重要的是，你要找到真的喜欢本色的你的人：喜欢才能包容，包容才能长久幸福，而不是让自己扭曲变成不是自己。想找到真正适合自己的知心爱人，要做的不是一开始就扭曲自己以适应对方，而是绽放真实的自我，找到真正喜欢自己的他。你一定能感受得到他对你实实在在的关心，而不是说说而已。当你需要他的时候，他一定会陪伴在你身边。和他在一起，你会轻松、踏实、自在、舒心，有安全感。

是的，亲爱的，你会很清楚地知道——他就是你期待多年的真命天子。

嫁人，还是嫁条件

2013年热播的电视剧《咱们结婚吧》，让很多谈婚论嫁的大龄青年从中看到了自己的影子，找到了共鸣。比如，果然在和杨桃打结婚证之前，为了表示诚意，瞒着精明的妈妈把房产证主动交给准岳母，而妈妈担心他做“傻事”，硬逼着他把房产证押在她那儿才肯给他户口本。双方母亲各有各的立场，为了保障子女的权益，出于对当下婚姻中各种不安全因素的担忧才不得不精明起来，各自在背后叮嘱着孩子：要有保留，留有退路。这可急坏了真心想赶紧结婚的小两口，于是想出办假证这一招。

他们遇到的情况也正是让千千万万年轻人感到困惑的：结婚需要什么条件？结婚前一定要有财产的保障才有婚姻安全感吗？是嫁给条件，还是嫁给可心的人？如果两个人真心相爱，彼此不看重财产分配，如何消除双方父母的担忧和顾虑？

不能不说，在人与人之间还不够信任之前，在没有建立感情之前，双方都容易用世俗的眼光来打量对方：他/她的经济条件怎么样？他/她家条件如何？如果家人陪同相亲，男方最尴尬的就是女方家人问及房子、车子、存款问题，条件好的可以挺起胸膛说，而条件不尽如人意的男人简直比面对考官还紧张，还难以启齿。

很多男人说女人太现实，也有很多女人说其实男人更现实。男人、女人变得现实，这是时代的悲剧，也是各自的无奈。

其实，绝大部分男人是不在乎女人的现实条件的，也只有急功近利的女人才只在乎男人的现实条件。而女人在乎男人的现实条件，无非以下三种情况：

一种是她本身就是很在乎物质条件的女人，找人结婚就是为了找个长期的饭碗。这样的婚姻以讲条件开始，用物质才能维系。这种建立在物质基础上的婚姻，一旦遇到经济困难，双方关系就经不起考验，会随之破裂。

另外一种是她本身不那么在乎物质条件，当她觉得男方在别的方面实在难以打动她时，她只能从经济条件方面来权衡选择了。这样的婚姻是将就的、勉强的，就算结合了也难以让人感受到幸福。

更多的情况是第三种：女方想和男方结婚，但因为不够自信，加上对婚姻中变数的担忧，希望男方能主动在房产证上加上她的名字，将新房或新车归入她的名下，等等，说到底，这都是希望增强安全感。有谁在结婚前就想着要离婚呢？只是因为担心万一哪天要是离婚了，自已会失去保障。

在《咱们结婚吧》一剧中，本来一直寸步不让的桃子妈妈得知果然办假证的真相，尤其看到他主动写的律师公证协议时，终于被准女婿的真心实意打动了，主动撕掉了协议。其实女方父母要求准女婿给自己的女儿财产上的保障，也是因为不能确保他以后会不会真心对她好。任何父母嫁女儿都不是为了让她离婚分到多少财产，而是希望他们永不分离，不分离自然不存在财产分割问题。所以，女方父母看到了准女婿的真心，也就不会揪着婚前财产的事情不放了，而是会放心地把女儿托付给他。

本来就是。结婚如果是以占有物质财富为目的，即使你的名下拥有全部家产也不能给你带来真正的幸福感和安全感。

如果你不幸嫁给了一个没品行的男人，将来为财产闹纠纷，那么也不得不面对——如果结婚前就料到他是这样的人，那么你就不会嫁给他了。

但如果你嫁的是一个负责任、有担当的男人，不管《婚姻法》如何保护男方的婚前财产，不管婚后财产写谁的名字，如果真的有朝一日发生婚变，他也会主动把你应得的财产给你。法律保障是有限的，人心的保障才是最可靠的。

最关键的是，结婚前，比盯着财产更重要的是：要看清楚他是什么样的人。如果相信他值得托付，那么拥有财产只是徒具形式；如果不能确认他值得托付，宁愿不着急做决定。

“男人本色”背后的真心话

说男人好色，其实有点不公平，因为爱美之心人皆有之，很多女人也是“外貌协会”的。无论男人、女人，都喜欢美丽的异性。

如果你问他：你在乎我的外在吗？

那么将有若干种回答，你能听懂话中话吗？

“内在最重要，我喜欢有内涵的女子。”——潜台词是：外在也很重要，只是我更注重内涵。

“在我认识的女孩中，你不是最漂亮的，但我只喜欢你。”——潜台词是：其实你本身就很漂亮了，只是不是最漂亮的那个。我喜欢你，肯定也在乎你漂亮的外表。

如果问男人喜欢美女还是才女，这很难回答。男人当然希望才与貌是一对并蒂莲花。有才无貌，有貌无才，都有缺憾。有貌无才的女子会让人短时期内喜欢，却不一定能赢得对方对她的欣赏和尊重；有才无貌的女子会令人欣赏、敬佩，却不一定能受人喜爱。

女人的才与貌在男人心中到底是怎样的关系？很多才女被冷落，终是因为貌不惊人；很多美女被当成“花瓶”，终是因为徒有其表，缺乏魅力。

如果一个美丽的女子腹有诗书，在一群平庸的美女中就能脱颖而出；如果一个才华横溢的女子容貌秀丽、身材窈窕，在一群姿色平平的才女中就如鹤立鸡群。

男人对才貌双全的女子爱慕有加。如果你是才女，就更要让自己的外在变得美丽；如果你是美女，则更要多历练才气。

每个女人都知道“没有丑女人，只有懒女人”这句话，但真正懂得这句话内涵的人并不多，那些内外兼修的才是真正的一生都美丽的女人。

即使美若天仙的女人也不会穿什么都漂亮。再美的女人，如果装扮不当，整体形象也会大打折扣。“穿什么都漂亮”的背后其实是：你精心挑选了每一件衣服，搭配得很得体，让人感觉你穿什么都漂亮。随意穿着的背后其实是极巧的心思。这就如同要化出像素颜而又很美的妆容比浓妆艳抹难，打造出貌似随意却又很美的发型比着意造型花时间。

再漂亮的女人也有短处，再完美的女人都能挑得出瑕疵。聪明的女人应该懂得扬长避短。

女人在几个关键时刻，一定要美丽登场！

和他第一次见面。即使多年以后，他初见你时的情形也令他刻骨铭心：那个阳光明媚的春日，你长发飘飘，着一袭洁白的长裙款款走来，眼波盈盈，笑靥如花。阳光打在你的身上，令你恍若天使降临。初相见，品茗之间，你的纤指如兰花般优雅美丽。你轻言细语，举手投足之间散发着迷人的芬芳……

美好的第一印象像画一样刻在他的脑海里，让他念念不忘。哪怕后来他与别人结婚了，在平淡的日子里偶尔回想起你来，还是如初见般心动不已……

女孩子要如何应对相亲？男人相亲要准备很多，比如怎样调节谈话气氛，怎样应对对方家长盘问……但女孩子只要准备以美美的模样出现就好了。

女友刚旅行回来，经朋友介绍去相亲，她还是旅行的装扮：包着头巾，穿着T恤、速干裤，挎着腰包，踏着登山鞋。我说：亲爱的，你这样的装扮是去见“驴友”，而不是去相亲。她说想让相亲对象看一看随意的她。我说随意的一面以后有的是机会看，第一次见面还是选择最适合的风格更好。在我的劝说下，她重新换了行头：摘下头巾，穿上美裙，换上高跟鞋。后来，相亲对象对她一见钟情……

同是一个人，以不同的装扮去相亲，给对方的第一印象截然不同，相亲的结果也完全不一样。第一印象就是这么神奇。所以,亲爱的,相亲的第一次见面,一定要以最美的形象出现哦!穿上让你最美的衣服,哪怕那件衣服已被穿着去相亲十次了。

重要的活动和聚会。很多缘分和机会都出现在重要的活动场合或聚会上。盛装出席能帮助你在人群中脱颖而出。女人要舍得花钱买一两套有质感、突显气质的品牌服装来应对这样的场合,出众的衣着能助你在人群中自信满满哦。

女人在怀孕期间和有了孩子之后,很容易忽略自己。但是,真正美丽的女人是不分时期的,任何时候都要美,要呈现出不同的美。女人,就应该将美丽进行到底!

怀孕的时候是女人身材、面貌变化最大的时候。孕妇给人的印象总是身材臃肿、头发凌乱、皮肤粗糙、衣着随意。而孕期的自我形象直接影响到心情,如果形象邋遢,别说老公,就连我们自己也嫌弃呢。所以,怀孕的时候一定要将美丽进行到底,皮肤、服装、发型还是得打理,至少要保持干净、清爽。

每当看到形象邋遢的孕妈妈,我真想对她说:亲爱的,为什么不收拾一下自己再出门呢?

无数女人在生了宝宝后后悔怀孕时没有护理好皮肤,如果时光能倒流,一定不再以怀孕为借口偷懒。

以下是很多美丽孕妈妈的保养心得：

一、每天多喝水，多吃水果、蔬菜，多煲汤喝。

二、忍住嘴馋，尽量不要吃油炸、烘烤等容易上火的食品，垃圾食品对宝宝和自己的皮肤都不利。

三、多吃长胎不长肉的食物，坚持每天散步锻炼一下，这样也利于顺产。

四、孕期护肤不能偷懒。只要选对了安全可靠的护肤品，保湿水、眼霜、精华素早晚都要坚持用，手霜也要坚持涂抹哦！偶尔可以做植物补水面膜。

五、坚持午睡。午睡时刻是修复皮肤的大好时机，也正好补充晚上不足的睡眠。

六、很多准妈妈嫌孕期不好打理头发，其实不一定要剪成短发，适合自己才好。孕激素可以让头发长得更黑亮浓密，不如珍惜这个机会。

七、对于准妈妈而言，夏天的衣服选择比较多一点，到了冬天要淘到既温暖又时尚漂亮的衣服需要多花心思。但为了保持美美的形象，值得花心思。好在如今流行韩式衣服，适合孕妇穿的冬装越来越多了。可以备 2~3 条透气性好的加绒打底托腹裤，温暖舒适又百搭。冬天头发不好打理，可以搭配针织帽、羊绒帽点缀，还可以配色彩鲜艳的围巾，让心情亮丽起来。

一位女友在结婚前坚持每天敷面膜，阳光很强的时候坐公交车也要撑把伞遮阳，是何等注意皮肤保养啊！几年后，当我再见到她，她抱着孩子，头发凌乱，皮肤粗糙，再也不是曾经那个对皮肤呵护备至的女生了。

亲爱的，带孩子再忙，也要记得腾点时间出来打理形象哦。老公嘴里不会说嫌弃你为了照顾孩子而荒芜了的形象，但他内心一定希望看到仍然精致美丽的你。

亲爱的，让我们将美丽进行到底吧，一如既往。不为取悦其他任何人，只为取悦自己。

爱的自我修复和救赎

在情感的道路上，磕磕碰碰，总是免不了情的痛；在成长的过程中，颠沛流离，总有爱的伤。

过去种种的伤与痛，可以归纳为：在错的时间遇到了错的人，在错的时间遇到了对的人，在对的时间遇到了错的人。

比如，年少时不懂得爱护自己，轻易将自己托付给了不懂珍惜的人的遗憾；曾迷恋成熟男人，和已婚男人有过痛并快乐的故事；不顾所有人反对，和浪子颠沛流离不堪回首的过往；遇人不淑惹来祸端伤害身心的刻骨蚀心的记忆……

之所以造成过去的种种伤痛，也许因为年少时的单纯和无知，也许因为自身的执迷不悟，也许因为命运的捉弄……不管出于何种原因，女人终究是柔弱的、需要怜爱的。在夜深人静午夜梦回时，她们想起过去的那些伤痛，免不了暗自神伤。

男人来自火星，女人来自金星。性别的差异让男人、女人对待情感的差异也很大。男人有了新欢就容易忘记旧爱，而女人，总是因放不下旧爱而难以接受新欢。

有的人，沉湎在过去的情感里，三五年走不出来。这可以说是一种痴情，从另一个角度说，这也是一种愚执。

不管是出于什么原因走不出来，都是因为放不下，放不下他的好，放不下他的坏……

放不下他的好？你仍然觉得他是世界上对你最好的人、最宠你爱你的人、最懂你的人、最包容你的人？

可是，亲爱的，你们为什么分开了呢？不管是因为你曾经不懂珍惜还是他的原因，两个相处得好的人不会轻易分开。既然分开了，肯定有了很大的障碍，这个障碍超越了其他合适的因素。

傻姑娘，别缅怀了，别后悔了，就算再给你一次机会重新选择是否分开，仔细想想，问问内心：你真的愿意回头吗？

其实，你并不愿意。

既然如此，为什么不放下包袱，轻松上路呢？幸福在前方等你。而你，却让幸福久等了。

放不下他的坏？他在你心里留下的阴影挥之不去，难以原谅他对你的伤害？

傻姑娘，他早已放下了你的好，你却还揣着他的坏，何苦为难自己！他已经对你不好了，你怎么还可以用他的不好惩罚自己！

有人在前面等了你很久，你迟迟不来，他都望眼欲穿了。

相信因果吧，自有定数。你只需往前走，别回头。

每个人的青春年华里或多或少有相似的伤痛，不同的是，每个人的自我的修复能力和救赎能力不一样。

在竞争激烈的当下，真的已经没有太多时间耗费在过去的情感里了。如何在有限的青春年华里，快速修复上一段恋情的伤，重新面对新的情感，这至关重要！

泰戈尔有句著名的诗：天空中没有翅膀的痕迹，而我已飞过。是的，就是要这种境界！每一种创伤，都是一种成熟。女人的内心要越来越强大，而创伤和沧桑，永远不要写在脸上。

每个女孩子在情感道路上，免不了做错一些事，免不了伤害一些人，免不了走一些弯路。可是，亲爱的，请不要过于苛责自己，更不能因为过去的伤痛封闭心门不再相信幸福，从而止步不前！谁能无错呢？别懊悔了，把心思放在如何修炼好自己，好好把握接下来属于你的幸福上吧！

女人应该在情感上学会健忘，学会对过去狠心。有一种女子，相爱的时候，尽情投入，结束后，不眷恋，不回首，仿佛失忆般，没心没肺地忘记了曾经的刻骨铭心。她比一般人容易忘记过去的伤害，心灵的创伤很快愈合，腾出空地接纳新的感情。

亲爱的，我们要向这种人学习——学会用健忘来保护自我，修复自我。

如何健忘？睹物思人，把他从心里清理出去，请先从清理物开始。

翻出电脑和手机里所有的亲密合影，别手软，用力按 Delete（删除）键吧！不必在新恋人面前秀与前男友的恩爱！别留下吵架的隐患！

请彻底删除短信、QQ、私信、微信等聊天工具上面的聊天记录。你不是小说家，不需要留着做备忘素材。

他送给你的礼物，曾经，你带在身边，如影随形，因为礼物上寄托了他的情感。而今，礼物会刺激你的神经，还是收起来吧！腾出空间来，会有新的人送新的礼物给你。

对，就是这样把他狠心地、干脆地清理出去，别堵住了幸福的门啊！

不管他一开始对你有多好，后来对你有多无情，一切都已不重要。重要的是，从此刻开始，不要生活在他的阴影里。

往前走，别回头。当你坚定地向前走，全世界都会为你让路。

不看过往，只惜当下，只望未来——亲爱的，这样的你，懂得爱自己，懂得爱眼前人，幸福自然会眷顾你。

席慕蓉说："当一切都已过去，我知道，我会把你忘记。心上的重担卸落，请你，请你原谅我。生命，原是要不断地受伤和不断地复原。世界，仍然是一个在温柔地等待着我成熟的果园。"

去哪里遇见爱

世界真大——人海茫茫，红尘滚滚，弱水三千，我该取哪一瓢饮？

世界真小——茫茫人海，滚滚红尘，三千弱水，我却不知去哪取一瓢饮！

问世间爱为何物，直叫人望穿秋水！

如今，社交圈越来越广，交友渠道越来越多，然而，渴望爱和幸福的单身男女们，却仍然很困惑——我要去哪里遇见爱呢？

同事圈、朋友圈、老乡圈、同学圈，各种社交圈；相亲活动、相亲网站、微博、微信、邂逅……这么多结识渠道，都有可能遇见幸福，遇见爱。有知根知底的圈子，也有陌生的世界。

在知根知底的圈子里，若能找到幸福的伴侣，自然最好不过。不必担心上当受骗，不必担心未知的隐患。然而，更多人无法在熟悉的圈子里找到爱。

每个人的圈子里，有单身的男孩子，也有单身的女孩子。他们都很不错，都是好男孩、好女孩，他们能成为朋友，却成不了恋人、夫妻。

面对陌生的世界，我们该注意些什么呢？

现在与陌生人认识的方式太多了，相亲、旅行、网上交友，甚至手机摇一摇就能添加陌生人作为朋友。对于这种开放的环境，女孩子该以什么样的态度来面对呢？

一个女孩写信倾诉她的遭遇：

我今年26岁，和很多女孩子一样，盼着早点找到合适的对象结婚。两个月前，我去朋友开的咖啡厅参加聚会。正当我们聊得很开心时，隔壁桌有位老人过来搭讪。朋友说最近几天都看到他在这里，于是我们出于对顾客的热情，和他聊起来。他“无意”间说他“儿子”是某单位高管，30岁了还单身，向朋友打听有没有合适的女孩介绍给他“儿子”认识。朋友没想太多，随口就说我是单身。于是，我们就这样在开玩笑中认识了，他要了我的电话号码。他“儿子”很快打电话约我见面了，开始了对我的猛烈的追求。

兰心老师，您别笑话我，其实说“猛烈的追求”，无非就是用花言巧语迷惑我，并没有付出任何行动。因为见过他“父亲”和我的朋友，所以，我放心地把他当成谈婚论嫁的对象，带他见朋友、见同事，还在微信上公开晒幸福。大家都以为我遇到真命天子了。他说等几个月要单位派他长驻我在的城市工作，我们就结婚，买房，买车……

有一天，他很难过地对我说，老家的小表弟得了重病，要一大笔手术费才能救治，他把多年的积蓄垫上了，身上只留了几百块钱。我天真地被他的"善良"感动了。从此，他名正言顺地在我这儿吃住，所有开销都花我的。不仅如此，他还隔三岔五找各种借口向我借钱。我是个心软的人，他利用我的同情心把我的积蓄花得差不多了，然后，他说要去东北出差。可是分开的第二天我竟然在逛街时碰到他和另一个女子手牵手……后来经查实，原来他和所谓的"父亲"是联手欺骗单身女孩的骗子！骗钱、骗色、骗感情，有好些女孩子和我有同样的遭遇，可是没人去公安局告发他，所以他可以继续行骗……

兰心老师，我好傻、好天真、好失败啊！这件事对我打击很大，心里的阴影让我再也不敢和陌生人交往了……

很多女孩和这位女孩一样，善良、单纯、天真，加上恨嫁的急切心理作祟，很容易在和陌生人交往的过程中被欺骗、利用。但是将陌生人一概拒之门外也不是办法。可以通过以下几方面来甄别他们的用心。

一、核实他的身份等信息，包括身份证、婚姻状态、工作地点等。如果他不主动带你去单位见同事，你可以巧妙地提出。有诚意又靠谱的男人会向你敞开他的工作圈。

二、见他的多个朋友，不只是他的狐朋狗友。通过观察他的朋友，可以从侧面了解他。

三、凡是向你借钱的交往对象，不是骗子就是身无分文的人，这是最基本的常识。

四、如果他隔三岔五才联系你，说明你们的关系还没发展到恋人的阶段。

五、深夜打电话“骚扰”一下他，看他是否方便接听。

六、矜持保守地对待他，判断他有没有耐心。

如今QQ、微信方便了随时随地联系，但也影响了现实生活中的交往。有的女孩仅仅通过微信、QQ、电话和不了解的人“谈恋爱”，聊了几个月还没见过面。亲爱的，如今早过了网恋流行的时代，没有在现实生活中真正地交往过，你无法了解他和他的世界。

电视相亲节目也成了很火爆的相亲交友平台。我常常看见电视相亲节目中女嘉宾将不顺眼的男嘉宾批得体无完肤，尖酸刻薄的话脱口而出！她们不是去相亲的，而是去挑刺的、找碴的、作秀的！不管是导演安排的还是自己内心的真实想法，这样说话都不是明智之举。无论是场上的男嘉宾还是电视机前的观众，都不会对这样的女嘉宾有好印象。

以这样的形象出现，怎能遇见爱呢？

女孩子应该留口德，管住自己的嘴。管得住自己的嘴，才能管好自己的其他行为，才能管好爱人。

交友的途径越来越多，是好事，但也因此无法了解对方的真实情况，因而难以甄别真伪。如果对他不是知根知底，那么，不管是通过哪种途径认识的，女孩子都必须保持理性清醒、保守矜持的态度。正常恋人之间该有的发展过程不能省，因为每一个阶段都是了解他以及考查彼此是否真的合适所必须经历的。

当局者迷的时候，要听一听信得过的有智慧的长者清醒的分析。不要停留在网络、微信等聊天方式上，一定要在现实中见面交往。在交往的过程中，女孩子还是“悠着点”好，别急于答应确定关系，更不要急于交付自己的身心，要时刻记得保护好自己啊！

将这首《前世今生》送给亲爱的你，祈愿你早日遇见想要的幸福，遇见想要的爱：

前世

我是你楚地采桑的女子

日复一日年复一年地穿梭于桑林

只为等待有一天

你的马车经过我的桑园

只为等待你的惊鸿一瞥
瞬间的凝望
丢弃了所有的矜持
只为了将我的模样
在你记忆中定格

今生
在恍若隔世的故土
——那采桑的地方
你我重逢
穿越时空的搜索
终于忆起
你我是前生未了的芳魂
眷恋于尘世
只为寻找
前世那次邂逅的影子
而后擦肩而过
如同生命中注定的传奇

第二章

修炼爱的正能量

世风日下的如今，如果要问恋人之间最缺什么，金钱？爱情？其实都比不上缺安全感。

人心不古的当下，如果要问嫁什么样的男人最难，英俊？多金？其实都比不上嫁一个内心强大的男人难。

寻找“备胎”的男男女女们，这样做最深层的原因是——缺少安全感。

安全感首先来源于自身。一个内心强大的人，不会把安全感寄托在其他任何人身上，只会不断地历练自己，让自己更自信、更强大。

我们生活在真实而残酷的现实世界里，这里不仅有欢声笑语，也有危机困难。在我们的人生中，有阳光，也有阴霾，无常总是存在着。唯有修炼爱的正能量，心无所畏，命运才在你手中。

在爱的正能量里，我们可以遇见最美好的自己。

“爆胎”有危险,“备胎”须谨慎

一位男士来工作室讲述了他的感情遭遇:

我和女友恋爱三年了,一直朝着谈婚论嫁的方向发展。近几个月以来,我总觉得有点不对劲。她很少在家待着,一外出就是十天半个月,说是出差。每逢节日,她都不在。但她和我保持着恋爱关系,在一起时和以往一样亲热,出差了在微信、电话里仍然卿卿我我。

前几天是端午节,之前我没联系她,想给她一个惊喜,于是节日当天我带着礼物去她家,像往常一样拿出钥匙开门。可是门被反锁了,房间里有电视机的声音!我觉得不对劲,就打电话给她。她不接电话,只发微信跟我说还在出差,左一个“亲爱的”,右一个“亲爱的”,非常亲热,就这样哄了我两个小时。我越发觉得可疑,发脾气使劲敲门，告诉她我就在她家门口，知道她在撒谎……然后，一个陌生男人打开了房门，我看见她在里面……那个男人自称是她男朋友，问我是谁，为什么骚扰她……

我和他对质一番，真相大白——原来，她几个月前就一边和我保持恋爱关系，一边和这个比我年轻但不如我有钱的男人谈恋爱。她两边敷衍，和我在一起时对他说出差了，和他在一起时对我说出差了……和两个男人同时谈婚论嫁……两个男人都被蒙在鼓里……

类似的事情我听过不少，脚踏两只船的背后，其实是想多寻找几个"备胎"，边谈边看，再做决定。

很多男人这样做，很多女人也这样做。

其实也并非他们本性有多么不专一，只是在还没有选定称心如意的结婚对象前，自认为这样做保险。一般他们之所以采取这样的措施，有三种情况：

一种是和恋人发展到了瓶颈时期，面临着要么结婚要么分手的选择：一方面感情还有很多不如意之处，不甘心就这样结婚；另一方面又不甘心就此分手，毕竟投入了一定的恋爱成本。怎么办呢？——骑驴找马。一边保持恋爱关系，一边背地里寻找更合适的结婚对象。而要了解新的结婚对象，需要一定时间，其间必定要在两个人之间隐瞒、撒谎、周旋……

可终究，纸包不住火，谎言维持不了多久就会被拆穿。当行径败露时，两头都失去了，最后只剩下自己……

另一种情况是，保持单身状态，面对多个追求者，都采取“三不”策略——不主动，不拒绝，不承诺，同时继续寻找想要的那个人。这种现象最多见。很多单身男女就这样把对方当成“备胎”，也被当成“备胎”。一旦找到合适的结婚对象，理所当然地放弃“备胎”，各走各的路。

还有一种情况是，和两个追求者同时开始谈恋爱，没有先来后到之分，只看同哪个发展得更好，再找个理由和另一个分手。

寻找“备胎”的男男女女们，这样做最深层的原因是——缺少安全感。

有的人，缺少独处的安全感。他们耐不住寂寞，害怕一个人待着，身边不能缺少追求者，不能缺少男 / 女人陪伴。一旦没有，就没有了安全感，无所适从。哪怕随便找个人陪着，也觉得比没有强。

有的人，缺少时间上的安全感。恋爱需要投入时间成本，快节奏的工作和生活已逼得男男女女们想着法儿降低时间成本。恋爱本是结束一段恋情再开始新的，却变成了还没结束就开始，或同时开始、同时进行。正是因为缺少时间上的安全感，怕耽搁不起，再加上如果到了谈婚论嫁的年纪，各种被催婚的压力，逼得男男女女们失了心智，急于求成，于是丢了原则，没了分寸，结局也乱了。

有的人，缺少爱的安全感。很多人寻找“备胎”，是因为心里不明白什么人适合自己，不确定眼前遇到的人合不合适，又担心其他追求者没耐心等不及，于是只好同时交往找感觉。还有的不满足于一个人给予的爱，不满足于一个人身上具备的条件，于是从多个人身上寻找从而满足需求。

明确自己想要寻找什么样的人，并且坚信能找到，宁缺毋滥，有底气有勇气彻底拒绝追求者，执着专情，这需要强大的内心和信念。很多人不具备这些素质，所以，或多或少留有“备胎”。

寻找“备胎”的心态可以理解，只是，把对方当成“备胎”的同时，自己也很可能成为别人的“备胎”，还要随时做好“爆胎”的准备。一旦“爆胎”，很有可能前功尽弃，两头皆失，沦为孤家寡人。

所以，亲爱的，“爆胎”有危险，“备胎”须谨慎啊！

“骑驴找马”的异地恋真相

异地恋，是很多朋友正在面临或即将面临的困境。

感觉还不错的两个人，不想只因为不在一个城市而放弃恋爱的机会，于是开始了身处两地的相思。于是，你每天无时无刻不想着他，想看到他的信息、微信，听到他的声音，知晓他每天的动态，深更半夜卿卿我我地煲电话粥也解不了相思之苦，每天盼望着他早日回到自己所在的城市，相守不分离。

异地恋基本上都是以热恋开始的，不然，就不会开始了。

然而，慢慢地，三两个月之后，联系越来越少，盼望越来越少，相思越来越淡。直到有一天，你忽然想起，有一段时间没有他的音讯了，竟然也适应了与他没有联络的日子。再后来，你接到他结婚了的消息，或者，你有了新男朋友。

很多异地恋的过程都差不多如此。

经常有女生通过微信公众平台问我:异地恋靠谱吗?

这实在是个让人难以回答的问题,异地恋靠不靠谱,主要还在于两个人之间如何把握、面对。

有的异地恋人熬过了相思之苦,经历了时间、地域的考验,最终走到了一起,他们非常珍惜来之不易的幸福。而更多的异地恋没能维持多久就散了。没能修成正果的原因各异,而修成正果的原因是相似的:自始至终,彼此坚定不移,奔着要结婚的目标维系恋情,每天再忙也没有间断联络,虽然地域有距离,但心灵之间没有距离;虽然人不在一起,但熟知彼此所做、所思、所想。趁着热恋,趁着彼此期待还很热烈,在事业与爱情之间懂得权衡、调整、改变,从而早日结束相隔两地的相思之苦。

异地恋能否成功,取决于热度期限:在两个人都处于热恋状态,都还有期盼的时候,尽快相聚在一起,不管哪一方去对方的城市发展,都必须做出调整和抉择。

打铁要趁热,这道理谁都懂。但在此时,要去一个陌生的城市,换新的工作,接触新的圈子,的确需要付出很大的勇气。

所以更多的异地恋是“思念望穿了秋水,盼望遥遥无期”。结果,现实逼得人不得不“骑驴找马”了。

正常的恋人每天都应该有联络,如果打着恋爱的幌子超过两天以上才联系一次的,极有可能在同时交往别的对象,希望找到更合适的、更好的。这就是所谓的“骑驴找马”现象。

有个女孩说前男友对她真的好痴情——认识四年以来，他隔一段时间会通过电话真情告白一次，长达一个小时以上：

“我好爱你。”

“我好想你。”

“我们结婚吧。”

“还是你好。”

“还是忘不了你。”

……

告白的时候真挚感人，女孩觉得他是个多么好的“备胎”啊，好几次差点被感动得想放下一切，千山万水投奔“备胎”算了。可每次通过电话之后，他就没有任何下文了，又一段时间杳无音信。

女孩隐隐约约感觉不靠谱，最终选择了一个看得见摸得着的人结婚了。

女孩的感觉是对的。如果真的靠谱，就不会在长达几年的时间内只说而没有行动了。事实上，他一直在跟别人谈恋爱，只是偶尔在喝了酒的晚上想起她的好怀念一下，或在寂寞孤单的时刻多愁善感一下而已。能在一起早在一起了，不能在一起，即使再给他十年时间两人也无法修成正果。

有句调侃的话叫：距离产生的不是美，是小三。

距离过了头，就会产生隔阂和疏远，越来越不知道对方在做什么，心里在想什么。形同虚设的恋人，在你寒冷的时候给不了真实的温暖，在你脆弱的时候给不了真实的拥抱，总之——当我需要你的时候，你总不在我身边。这时候，很容易被情敌乘虚而入。

所以，过了热恋期还没能在一起的异地恋背后，有个不得不让人相信的真相：虽然双方还没有正式说分手，却各自在物色新的对象，谁都没闲着。相亲的相亲，交友的交友，约会的约会。只是，谁都不会在尘埃落定找到新的恋人之前捅破那层窗户纸。

当有人提出分手的时候，事实上已经无法挽回了。

终究，这样的异地恋是一场不了了之的往事。

所以，亲爱的，不要想异地恋靠不靠谱。人靠谱，行动靠谱，那么异地恋也靠谱。不然，就只是一则“骑驴找马”的故事而已。

何必去爱一棵自恋的狗尾巴草

“我怎么这么帅呢！”

“哎呀，昨晚熬夜了，都有黑眼圈了！”

“我就是这样的人，受不受得了随你便！”

“我不想看到你的时候，你最好别来烦我；我需要你的时候，你得立马出现在我面前啊！”

别以为这是一个娇纵的小女生说的话，说这话的正是那些自恋成癖的男人。这种人超级注重外在形象，在形象上下的功夫比一般女人还多，比如：每天要精心装扮一两个小时才肯出门，喜好名牌，追求时尚，护肤品比女人的还多。正因为活在自我的世界里，所以，在心理上他们有超强的自我优越感。在恋爱当中，这种男人相当自私，以自我为中心，不顾对方的感受，最爱的永远是自己。

这类男人像孔雀一样，在恋爱里面有很盲目的优越感。而这种优越感，在他们看来，是本身的优越，而不是他人认为的“纯自我意识”。无论你认为他长得如何另类，他就是打心眼里认定自己貌比潘安。无论你多么厌恶他的发型、衣着，他就是打心眼里认定这是最具个性的时尚风格。无论你多么反感他自私自我的言行举止，他就是打心眼里认为他是完美无缺的。

如果你有一个这样自恋成癖的“极品”男友，就要做好足够的心理准备，忍受他做出各种“极品”的事情。比如，凡事先要照顾他的情绪；吵架了永远是你先低头认错并哄他开心；他需要你时，你得迅速出现，不需要你时，他就当没有你这个女朋友；别奢望他对你有多贴心的关怀和深切的爱，即便他爱你，也只是因为更爱自己。当哪一天他移情别恋，他不仅不会自责，还会把责任都推卸到你身上。

有一次，电视台的一个访谈栏目采访一个备受90后崇拜的著名80后小生。当主持人问到他的恋爱态度时，他说：我需要她的时候，即便深更半夜她也得立马赶到我身边来；平时我很忙，也很烦和女生相处，所以除了我主动联系她见面之外，她最好不要联系我，不要来烦我。

听了这样自私的话，你还能打心眼里崇拜他吗？如果和这样的人恋爱，注定两个人之间的关系是不公平的。而这种人往往也有他特别的吸引力：也许才华横溢，也许掌握着特殊的技艺，也许是含着金汤匙出生……对你好的时候，他出手阔绰送名牌给你，也会对你温柔备至。

但实际上，他的这种好，和对一件喜欢的衣服的不舍、对一只温顺的猫咪的宠爱没有本质区别。

其实这种人的内心深处隐藏着极端的自卑，在恋爱中，特别害怕被伤害，害怕被拒绝，所以用表面上的“超级自信”掩饰着。

一位事业有成的风云人物在某年元旦的凌晨发信息给一位女生：我喜欢你，犹豫了很久才向你表白，做我女朋友，来我这里？

女孩莫名其妙，当然一口回绝了。他很生气地说：我好不容易主动向你表白了，你还拒绝我，看来是我看错人了，你不值得我喜欢！

女孩当是遇到了神经病，没理他。隔三岔五，他又会换成哀求的口吻求爱，间或又用强势的自我优越感维护可怜的自尊。

很明显，这样的求爱背后其实是极度地没有自信，却又极度地维护自尊。

在情感的世界里，男人主动追求女人，宠爱她，以她为重，其实无伤自尊心，只有活在自我世界里的小男人才会那么看重自我。真正受广大女性尊重、欣赏的是宽厚、大度、豁达的男子汉——他们有山一样宽广的胸怀，而不是在山脚下顾影自怜的狗尾巴草。

安全感只是条“纸尿裤”

世风日下的如今，如果要问恋人之间最缺什么，金钱？爱情？其实都比不上缺安全感。

人心不古的当下，如果要问嫁什么样的男人最难，英俊？多金？其实都比不上嫁一个内心强大的男人难。

曾经，“安全感”几乎只是男人给予女人的，女人被动地接受男人的“动荡不安”带来的醋意，甚至危机感。而如今，女性也能决定能不能、要不要给男人安全感了。

身处恋爱当中的男女，不管有没有怦然心动的感觉，有没有稳定的经济基础，有没有经过长久的磨合形成的默契，当总结这份感情如何时，恋人们都喜欢归纳于“有没有安全感”。

“他/她是大众情人，我知道他/她很爱我，可我总觉得没有安全感，生怕他/她随时被别人抢走。”

“他 / 她总是不相信我，我怎么给他 / 她安全感？他 / 她疑神疑鬼神经质。”

……

安全感是什么？很多人对安全感存在两大认识误区：一是认为安全感是别人给的，找到一个能给自己安全感的人等于有了安全感；二是认为表面上看起来异性缘很好、经常抛头露面的人不安全，反之，找一个交际圈狭小、“长相安全”的人就会有安全感。

其实安全感首先来源于自身。一个内心强大的人，不会把安全感寄托在其他任何人身上，只会不断地历练自己，让自己更自信、更强大。哪怕对方的“不安全行为”总是干扰自己，内心强大的人也不至于失去自我，被牵着鼻子走投无路。

有的女性说，因为特别没安全感，特别怕老公出轨，于是选择嫁给一个外表“绝对安全”的男人，后来她发现老公想方设法拈花惹草以证明自己外表以外的魅力。

“万人迷”只要懂得拒绝，有原则、有底线、有操守，也会是好丈夫 / 好妻子，看起来安全而背地里挖空心思寻刺激的人才令你防不胜防。

而当两个人刚刚恋爱，还不是很熟悉彼此的生活圈，还隔着神秘面纱的时候拿捏安全感，和结婚后力求给对方安全感又是两码事。

尤其值得一提的是，女人要不要给男人安全感？如何把握分寸？

“为什么我对他那么好，他都不领情？”

“为什么她高高在上，他却像奴才一样讨好她？”

“是我追求他的，一开始就注定我要比他付出得多！太不公平了！”

……

很多女人想不通为什么。

男人是多元化的，从来不是一味对他好就能得到他的好、付出所有爱就能得到他的爱。感情中没有不偏不倚的天平，爱情里没有等价的砝码。在一物降一物的情感世界里，一旦形成某种格局，以后便很难扭转。

你喜欢他，对他好，向他表白，奉献一切——不是没有和他在一起的可能性，关键是，在一起以后能不能让他对你好、在乎你、疼爱你！

他喜欢你，对你好，向你表白，付出一切——你如何回应他？在矜持与热情之间，如何把握尺度？在拒绝与接受之间，如何衡量分寸？在进与退之间，如何游刃有余？

追求阶段、恋爱初期大可不必给他太多安全感。别怕一开始矜持的拒绝会令你丢掉机会。不喜欢你矜持的男人，在以后的日子里也不会有耐心，也不懂得珍惜你。

不要一开始就毫无保留地急于交付自己，除非他只想暂时得到你的身体，靠谱的男人都珍视女人的传统和保守。开放只会招惹偷腥的男人，懂得自爱才能得到他的珍爱。一味的付出不仅不能带给你安全感，反而让你处于被动的选择中。

所以，即便你一眼就爱上了他，也不要写在脸上、挂在嘴边。要适

当地控制和隐藏感情，在被动中把握主动，获得他的尊重。

只有激发他潜藏在心底对你的喜爱，激发他在众多追求者当中赢得你的芳心，用心良苦得到你，他才知珍惜。然而你又要让他知道你绝不是水性杨花、朝秦暮楚之人。被人喜欢是魅力所致，而非炫耀的资本。你有你的要求和准则，一旦选择了就会心无旁骛——只为值得的人。

归根结底，安全感只有缺乏安全感的人才会在意。一个内心强大的男人，如果喜欢你，适当唤醒他对安全感的需求，会更激发他赢得你的芳心的决心，而不会令他因为有挑战和竞争而退却。反之，一个本身就没有自信、缺乏安全感的男人，即使给他再多的安全感，他也嫌少。如此，他的提心吊胆和神经质也会影响到你的情绪，迟早，你对这份感情也会丧失走下去的信心。

女汉子是这样练成的

这是一个年龄颠倒错乱的时代，不仅 60 岁的女明星喜欢扮嫩，越来越多老大不小的男人也喜欢装嫩：爱自拍卖萌，热衷于打扮，怕脸上长皱纹；行事孩子气，以自我为中心，缺少责任感，没有担当；经常渴望并幻想回到孩童时期，内心抗拒长大……他们大多在被过分保护的环境中成长，是被家族成员奉承迎合着长大的。

于是，这类“嫩男人”的女朋友或老婆开始叫苦连天。

他们其实有一种心理疾病——彼得·潘综合征。

女人是水，男人是山。水是千姿百态的，女人应当柔媚，男人的阳刚之气和成熟心智却是公认的魅力所在。

一个男人的成熟与年龄和外表无关，心智是否成熟才是关键。男人可以长着一副不显老的脸，但内心必须随着生活的阅历不断增长而成熟。

很多女人不想找比自己小的男人，就是因为怕他是“嫩男人”：有超乎寻常的自恋情结，以为自己长得特别帅；比她还注重皮肤保养——不擦醒肤乳就不肯出门，一刮风就要涂上润唇膏，动不动就躺在沙发上敷面膜，护肤品和香水品种比她的还多，照镜子的频率比她还高，如果发现多了一条皱纹要哀叹半天甚至找人哭诉。这是表象，更要命的是，他像个永远长不大的孩子，习惯了母亲般的呵护，无论你是比他大还是比他小，他都希望你只有母性，没有其他人性。要么要求你行事非得遵从他的想法，“顺我者昌，逆我者亡”；要么他啥事也不操心，将你从小女人逼成女汉子，挑起家庭的大梁，而他做大梁下栖息啄食的小燕子。

一个好友在众人羡慕的眼光中嫁入了豪门，找到一个家境优越的丈夫。男方比她小 4 岁。这本来不重要，然而他就是这种“嫩男人”，只能依靠父辈打下来的家业生活，她怕长此以往坐吃山空，不得不挑起家庭的担子，原本柔情似水的小女人活生生地被不给力的老公逼成了女汉子。如果两人吵架，不是他来哄她，而是他会赌气好几天都不理她，俨然是个在妈妈面前淘气不懂事的小孩子，还动不动就跑回父母家向妈妈痛诉老婆的不是。她虽然住豪宅开名车，却整天愁眉苦脸。老公仍然光鲜，她却因过度操劳而憔悴不堪。所以，嫁进金山银山，都不如嫁给一个成熟、有责任心、有上进心的男人，只有这样，才会拥有真切而长久的幸福。

每个男人的心里都可以住着一个孩子，但这个孩子只是偶尔跑出来在爱人面前玩一下，这是人之本性，有母性的爱人也会满足这片刻的孩子气。但只能是偶尔，如果经常，就变成绝大部分女性都想远离的“嫩男人”了。

谁叫你是男人呢，男人就该有男人的样子，你的女人才会有女人的样子。

所以，亲爱的女孩，如果你不是那种想对着老公母爱泛滥的人，就要睁大眼睛，在结婚之前看清楚对方是不是“嫩男人”，他内心深处比一般人都缺少安全感，那就更给不了你安全感。他缺少责任心，更承担不了家庭的责任，到时负全责的是你。

有多少爱情死在前女友手里

女人眼中三种最丑的女人分别是：好朋友的情敌、现男友的前女友、前男友的现女友。

很多爱情没有别的问题和阻碍，却单单死在前女友手里。爱情里的前女友是现女友心头的“一根刺”，前女友几乎成了现女友们欲群起而攻之的“公害”！

一位读者倾诉说，和男友相识、相知、相爱的最初四个月里顺心顺意，过着简单而平静的幸福生活，两人正准备谈婚论嫁，突然有一天他告诉她：前女友突然从国外回来了，要和他结婚！他被这突如其来的情况弄得很烦恼、很纠结：一个是曾经爱过的，一个是现在爱着的，他看不清自己到底更爱谁，该如何抉择。于是，原本简单的幸福因前女友突然的干扰变得复杂起来，两人都陷入了痛苦之中。

类似的情况很多,站在旁观者的角度去看,自然会站在女方这边,认为是男方优柔寡断、糊涂不清。然而,曾经和前女友爱过并有长时间感情的他却身在局中,看不清自己的心,本来已结束、放下的感情,又重新干扰他的心智和当下的情感。

这是男人在新旧感情之间必过的一道坎。男人纠结于此,是因为在内心权衡、比较着现女友和前女友的方方面面,更有甚者会设想:和前女友重新开始是不是会更好?

事实证明,没有几段感情结束了还能回到过去,而当醒悟时也许已错失了当下的人和本该属于自己的幸福。这是男人的悲哀。

前女友的干扰对于恋爱的双方都是考验,有的感情经过考验反而修成了正果,而有的,就真的"死在前女友手里"了,主要在于男方能不能及时认清自己的心。

其实男人不需要如此"坦诚"。如果你还不想和现女友分手,大可不必拿前女友和她说事,即便短时间内放不下前女友,也不必溢于言表,时间和新的幸福自然会让你放下前女友。

如果亲爱的你"不幸"遭到男友的前女友干扰,做好你该做的、能做的,尽心对待他,但不要在乎结果。与其把心思放在这烦恼上,不如先转移注意力。不要总和他探讨这个话题,不要过问,表面上不要当回事,该忙什么忙什么,多和好朋友接触。最重要的是:一定不要因为这事而失去自我。你是你,她是她。他能爱上你,一定是爱独特的你。

让他静一静,给他点时间让他醒悟。把他紧紧抓在手里,只会给他压力，让他想逃。不如张开手，任他抉择。如果他是你的缘分，那么谁也抢不走。抢走的不是你的幸福，会有更好的人等着你。

对过往不狠，不仅是对当下恋人的不尊重、不公平，更是对自己的摧残——承担后果的是自己，不是其他任何人。很多人痛苦的根源，是太眷恋过去的人和情感。其实当下的人和情感才是最值得在乎的。

但愿，当他醒悟时，一切都还来得及。

打开心，让爱进门

很多人感叹，拥有的东西越来越多，却很难开心了。这是为什么？

开心是什么？开心——打开心。我们的心本来没有锁，因为怕受伤害，于是，不知不觉上了锁。锁了心，也锁了快乐。阻拦了些许伤害，也阻拦了很多爱。

行走在尘世里的人，在车水马龙中碰撞交错，在熙攘人潮中辛苦奔忙，难免在擦身而过之时被路人碰伤手脚，更何况，城市高楼中的玻璃包裹了心房，钢筋水泥凝结了心动。

我们身在城市高楼的玻璃房里，这里装的不只是身子，更是心！这是怎样的心呢？只看得见，却听不见。别人可以看得见心，却进入不了……不仅脸上戴着面具，心上也戴着面具。面具戴久了，就习惯把面具当成了皮肤。

怕相信他人而被欺骗，怕呈现真实而被人看穿，怕展露脆弱而被人看轻，怕表达心声而不被理解，怕敞开心扉而被人伤害！总之，很怕，很怕，真的很怕！

怕，于是封闭心门，小心翼翼地审视着遇到的每一个人。

有的人，表面上热情，带着职业式的笑容，然而，那只是出于礼貌、客套的应酬。谁都不是傻瓜，多打几次交道，就知道那热情的表象下是千里之遥的距离，笑容之下砌着跨越不了的心墙。无法以心交心，得来的也是同样的“热情”。

这样的我们，怎么能轻松、自在、安乐？

很多大龄青年之所以“剩”着，是因为没有打开心；很多优质女之所以愁嫁，是因为没有打开心；有的女人一辈子都没有一个闺中密友，是因为没有打开心；有的人生命中没有一个知己，是因为没有打开心；有的人一生都无法和身边的人建立长久而深厚的感情，是因为没有打开心；有的人抱怨得不到理解，得不到温暖，得不到爱，是因为没有打开心！

其实，亲爱的，不是没有我们想要的人、想要的一切，问题在于——我们打开心让自己想要的进门了吗？

在佛教里有一尊四面佛，智慧圆融，无论对东西南北、人我众生都能面面俱到，一事一物都能看得清清楚楚。如果我们能像四面佛一样敞开心，涵容四方，一定能广结善缘，在为人处世各方面都能做得更完美。

机会一次又一次光顾过我们的心门，然而一次又一次只能望“门”兴叹；好男人一个又一个路过我们的心门，然而一个又一个只好知难而退。

亲爱的，别怕，打开心吧，让爱进门！

打开心，先要学会放下。之前，你的心里一直揣着很多东西，比如冷漠、排斥、抗拒、质疑、愚执、过强的自尊心、最不值钱的面子、不完美的自己……放下吧，别把心累坏了。腾出地来，让爱与温暖进门。

先打开自己的心，然后才能打开别人的心。

正如，亲爱的，我的心是向你敞开的，是无限包容的，只为温暖你、爱你。

打开了心，不要怕不被理解、不被接受。“知我者谓我心忧，不知我者谓我何求。”你想要的，一个个进入了你的心房；你不想要的，一个个自行逃离。

打开心，放下一切面具、伪装，做最真实的自己，其实是最容易的事。

原来，开心真的就这么简单！

世间烦恼莫不因为心有所惑。化繁为简，为心做减法，最后只剩下清晰的轮廓，于是你会顿悟：原来，剩下的这些才是我想要的。其他，都是可以删除的、放下的。

打开心，处处都是善缘。

打开心，人人都有爱。

爱的正能量

亲爱的，这是发生在我身上的一次真实的经历，在此与你一起细细回忆当时的险境和心路历程，希望你能从中得到启发。

几年前的一个晚上，八点多钟，我从一家咖啡厅出来。做了大半天的文案，头很晕，只想快点回家。

天下起了大雨，我打开了伞，一路小跑去附近的广场开车。车从下午起就一直停在芙蓉广场和五一大道交界的地方。当时，我撑着伞跑向车时，路灯很明亮。我打开了后备厢把手提电脑一把塞进去，收好伞，打开车门，刚落座，车门还没来得及关上，突然，有人堵住了车门，还没等我反应过来，一个冰冷坚硬的东西顶住了我的太阳穴。

“别动！快把钱拿出来！”一个恶狠狠的声音响起。

我意识到遇到抢劫了！持枪抢劫！

“好，好，没问题，你别急，我拿就是。”我的第一反应是要确保自身安全。我从副驾驶位上的包里掏钱包，试图从突如其来的惊恐中冷静下来。

我把钱包打开：“你看，我只有这么多钱。”以前曾经遇到过几次被扒的事，所以不敢带太多的现金。

“怎么，就几百块钱？不可能！快点，你敢耍花招，我就开枪了！”这个凶恶的歹徒将枪抵得更紧了。

凭声音判断，这是个中年男人。

这一切就像影视剧里、书里描绘的情节一样，可是，我却真的遇上了！我多么希望这只是一场噩梦！

怎么办？……

“我真的只有这点钱，车是借别人的。我要是有钱，我还会拿自己的生命开玩笑吗？”

“那你要别人送钱过来！”歹徒不死心。

“没人会管我呢，我的朋友都穷，也管不了我死活，找他们没用。”

“不可能！我不管，你银行卡里肯定有钱，带我去取！”

“银行卡里也没有钱。”

“少废话！快带我去取！”歹徒越来越没有耐心，一边用枪指着我一边迅速地上了车，坐在了车后座上。

“快开车！”

怎么办？天正下着大雨，我视线的前方没有人和车经过，这突如其来的打劫，让我没有思考的空隙。我只好发动车，按他的指示沿着五一大道行驶。晚上的五一路上还是有很多车和人，可是，此刻我不能开窗户，就算呼喊，也没人听得见。

谁能来救救我？谁知道我正处在危险中？

脑袋一片空白。我知道，如果我继续头脑空白下去，后果无法想象！危急之际，我想到的第一个人是妈妈。我 12 岁那年，妈妈就去了天堂。从小到大，每当遇到挫折、打击时，我就会在心里向妈妈诉说。我在心里呼喊：妈妈，您的在天之灵看到女儿的危险了吗？兰儿好害怕……保佑兰儿啊……

我想到的第二个人是父亲。我对自己说：兰儿，你是爸爸活在这个世界上的唯一的精神支柱，你绝不可以有什么意外！在你危急的时候，没有人能救你，只有你自己能救自己！

我尽最大的努力使自己冷静一点，再冷静一点。和这种亡命之徒来硬的只会激发他更加穷凶极恶，只能试试来软的。

“这位大哥，这里有银行。”我试图引导他在繁华的地段停靠。

“少啰唆！我要你在哪里停就在哪里停，接着开！”

我想歹徒也不会让我在这样繁华的地段停，既然现在下不了车，就只能想其他办法。

手腕上的碧玺手链戴了好几年了，在开福寺观音菩萨面前开过光。平常，每当不安心的时候，我会双手合十祈祷，往往心想事成。观音菩萨啊，此时此刻，您在吗？我实在是个好人，您会保佑我的，对不对？而此时，除了相信您的存在，我还要想办法逃过此劫呀……

“好，你说怎么走就怎么走，听你的。不过，这位大哥，我还没驾照，很怕开车，你别逼得我太紧张了，不然会出车祸的啊。”我得拖延时间，想办法脱身才行。

“你开你的！”

我将速度控制在三十迈以内，故意将车开到五一路的公交车道上，多么希望有个交警过来抓我违章啊。可是，没有！在这个下雨的晚上，人们都赶着快点回家，没人关心其他车辆内是否有异常。

我一边慢慢地开，一边想怎么办。

故意撞到其他车后面？可是，如果歹徒狗急跳墙怎么办？即便他的枪不一定是真枪，但敢在繁华的芙蓉广场路段抢劫的亡命之徒，身上可能还备有其他凶器，万一很多人围过来，他被逼急了会拿我当人质，那样更危险……

今天，我遇上了这事，想逃也逃不过了。不管失去多少财物，都要先保障自己的人身安全。

但是，如果他让我开到一个偏僻的地方，那里还有他的同伙……那……不堪设想……

一想到接下来可能会发生的事情，心中的恐惧又多了。心里有个声音在对我说：孩子，不能慌，冷静……冷静……勇敢……勇敢……

我一直都相信人性本善，歹徒在变坏之前，应该有善良的一面，但如果我强烈反抗，会逼急他，他什么事都可能做得出来。我要引出他藏在人性中善良的一面才有可能保护得了自己。

“这位大哥……”我用很平静、柔和的声音开始和他对话，就像平常对待无数身陷烦恼之中不能自拔的倾诉者一样，抱着真诚、善良、帮助他回头是岸的心，和他对话。

“我既然已经被你挟持了，我也没想逃，你说怎么走就怎么走。所以，你不用担心我会怎么样。只是，我怕等下去银行后，你会失望，因为我自己知道，我卡上真的没有钱。”

“你放心，如果我证实了你卡里真的没钱，我会让你走，不会伤害你。”听口音，他像是外地人。

“好，我取给你看就是。我想，你走上这条路，也是被逼无奈，不然，谁都是父母所生，谁想玩命呢？”

“那确实，我是走投无路！”

“是吧？我就相信你是被逼的。你也有妹妹吧？如果没有亲妹妹，也有表妹、堂妹，如果她们遇到我这样的事，你也会很担心吧？”

“嗯……”歹徒的声音有点缓和，“你是干什么的？”他既警惕又好奇地问起我的职业来了。

“我是写文章的。大哥，你想想，文人都是很穷酸的，我哪里会有什么钱呢？你以为我穿得像有钱的主儿，其实全身上下都是假冒名牌呢。”

“你别怪我，谁叫你开着车呢。我到这个地步了，能抢多少是多少！”

“听得出，你人并不坏，并不想害我。你应该看得出来，像别的女孩子遇到这种事,早吓得说不出话来了,我还能这样和你说话,是因为我相信你不会伤害我。我也不想伤害你,只想帮助你走出来。你是不是遇到了什么大事,急需钱呢?”

“是的,我犯了个大错,急需一笔钱来解决,不然会生不如死!”他开始诉苦。

我稍放心一点了,至少他只是个人作案,不是团伙,而且应是初犯,听得出他人性并不坏。引导他,可能还有转机。

“你果然是被逼才这样的。要多少钱才能解决呢?”

他不回答。

“几百万?几十万?”还是没回答。

“几万?”

“嗯,差不多吧……”他终于说了。

“大哥,年轻人有几个不犯错误的呢?我也犯过错误,但是,犯了错误是可以改正的,现在回头还来得及,好吗?我希望你不要继续错下去了。”

“我走到这个地步,已经回不了头了!”很明显,他被我的真诚影响了,语气缓和多了。

“大哥,我们年轻人都不容易啊,尤其家里是农村的,一穷二白,什么都要靠自己。我也是从农村出来的,家里条件很差,爸爸有三期矽肺病。也许你觉得我是在编故事,但这是真的。我知道你更不容易,但是,大哥,就算现在遇到了困难,我们还年轻啊,还几万块钱还是不难的,非得走这条路吗？如果你继续抢下去，万一哪天被抓了，你为了几万块钱送掉自由，甚至生命，值得吗？”

“我也不想，可是我没有其他路可走了，只能抢别人的钱来还。实话告诉你吧，我已经两天没吃东西了……”

“啊，两天没吃东西？我这儿正好还有包饼干，你先填填肚子吧。”透过车内微微的光，我趁转头递饼干之机看了看他的长相。我要多给公安机关留点线索才行。

“你别管我，好好开车！”他不敢放松警惕，没吃。

“好。饿肚子的感觉很难受，说出来你可能不会相信，我也饿过几天肚子。那是好几年前的事了。有一次，我遇到了很大的困难，电也停了，家里能吃的都吃光了，手机停机了，连出门的车费都没有了，我就这样挨了几天……”

他沉默。

“我10岁那年，小舅舅因为一念之差，被一个团伙拖下了水。在舅舅坐牢的一年时间里，外婆经常伤心地哭，眼睛都快哭瞎了。那时候我虽然还不懂事，但是我看到外婆那样为舅舅担心，我就告诉自己：无论以后遇到什么困难，都不能做犯法的事……大哥，你的父母都在老家吧，他们这个时候多担心你啊……”

“别说了……我心里很慌啊……”说到父母，触及了他内心最柔软的地方，我听得出他语气中透出来的自责，但是自责已经到了无法面对只好逃避的地步。

车已过了湘江一桥，他要我往西边开，如果这样开下去，环境会越来越偏僻。此时，大雨已变成了毛毛雨，窗户上有一层很厚的浓雾。我故意急刹车，开得很不连贯。

“大哥，我还是新手，本来就不敢开车。玻璃上好多雾，挡着我的视线，我看不清，不知道怎么办……”

“坐你的车够呛的！你把那个什么雨刮器打开……”他真的以为我不知道怎么办了，凭感觉，他肯定不会开车，但懂得一点开车的原理。

“哦，我试试。”然后，我笨手笨脚地打开了热空调，故意调到了最高温度。因为车窗密闭，车内迅速闷热起来，我强忍着快要令人窒息的空气。

车已到了枫林路的上桥位置。

“往桥上走还是往桥下走？”我问他。

“桥下……桥上！”看来他并不知道到底要往哪走，从刚上车抢劫时的穷凶极恶，变成了现在的慌乱。

我越沉静，越显得无所畏惧，他就越六神无主。

可是，桥上基本没有车辆，比桥下更冷清。我急中生智：“大哥，你看，我的油表已经显示只有一格油了，很快就会开不动了。你说怎么办呢？……”

他沉默了十来秒钟之后，终于说：“你找个偏僻的地方，我下车。今天看在你是个好人的分上，相信你算了！”

“谢谢你的信任……”这句话是我平常对读者朋友们说的一句由衷的感谢，而此时，我用在了一个悬崖勒马的歹徒身上。我舒了口气，想赶紧找个没人的地方让他下车，以免他反悔。

突然，我包里的手机响起来，而且响了十秒以上。

“不准接！”他一把夺过包，拿出手机摁掉了。

另一个一号双机的小灵通又响起来，他又翻出来摁掉了。

电话来得真不是时候，两个手机都暴露了，他会抢走的……

“这里没人，可以停了吗？”

“不行！前面有人！再往前开！”

刚刚希望有行人，现在希望找到一处没人的地方，歹徒放心了才会下车。

我慢慢地开着，也不知道是哪里。

“你掉头到对面停吧！”

对面？我笨拙地拐过去，原来是桥头。

“还不行，你往右边里面开进去！”

右边？我望了一下里面，应是河岸边，漆黑一片，很远处才有星星点点的灯火。

“快点开！”他见我磨蹭，语气又开始凶起来。

我只能拐进去。开了几十米远，我停下来说：“这位大哥，我知道你不会伤害我，但是，这里这么黑，说不定会遇到别的坏人，就在这里停好吗？”

“好吧……对了，你戴了什么值钱的首饰没？”

“我手上这条手链，就是几块钱一条的小玩意，从地摊上买的，给你也没用的。如果你要，就给你喽。”不如顺其道而行之。

“算了……我不要。”

看着他就要准备下车了，我松了口气，可正在暗自庆幸之时，他突然又警惕起来：“你上车的时候提着什么东西放到后备厢里？”

“没有什么，就是几本书……”糟糕！

“我不信！让我看一下！”

“真的是书……”让他看一下知道是手提电脑就完了，能敷衍过去就敷衍过去。

他又突然拿枪顶住我的头，又变得像刚上车时那样凶恶，气氛又紧张起来！

“你别逼我对你不客气！把车钥匙给我！我去拿！”

看来，心爱的电脑难逃此劫了。不如坦然相告，不然万一激怒了他……

“这位大哥，实话告诉你吧，那是我的电脑，但是求求你别拿走行吗？那是我最值钱的一样东西了，而且资料都在里面，如果失去了它，我不如死了算了。”

“没办法！我走上了这条路，顾不了你了。”他的语气又缓和起来。

“那你把里面那个移动硬盘给我留下好吗？”真不凑巧，今天出门的时候，将备有资料的移动硬盘也塞在电脑包里了。万一他都要拿走，我真的无法想象是什么后果……

“好。我答应你,不要你的硬盘。”

他把包从后备厢中拿出来,把车钥匙还给我,说:“你是个好人,我是迫不得已才抢你的东西。谢谢你善意的提醒。不过,我已经走上了这条路,你还是祝我早点进监狱吧!”

说完,他迅速下车,消失在黑暗之中……

我以最快的速度发动车,开向最近的派出所……

派出所所长亲自做笔录,录了两个多小时后,他再一次问:“你确定这是发生在你身上的事吗?我办案这么多年了,还头一次遇到心理素质这么好的女孩子,竟然还可以像说奇闻逸事一样叙述整个过程,不可思议!佩服啊……”

当亲朋好友赶来的时候,他们比我紧张得多,都不敢问我太多,以为会引起我痛苦的回忆。有的说人没事就好,有的为我惋惜失去的财物,女孩子听我说的时候都恐惧万分……

我反而没有大家想象中的那样惊恐。

虽然心有余悸,但我刻骨铭心地懂得了:从此以后一定要小心!电视里播的、小说里写的事情,是有可能发生在自己身上的!

虽然心疼失去的电脑,但我更庆幸遇到这样一个亡命之徒却只是失去了财物,这是不幸中的万幸!

大家都觉得惊恐不安,我却把这事当作难得的人生经历。经历了这样的事之后,我再遇到其他事情就更加无所畏惧了。这个时候,没有任何道理比“心宽如海”让我更能想得开了。

第二天，我准备去补办手机卡时，突然发现我的手机卡被歹徒取下来扔在了座位上……除了手机、相机、电脑，其他都幸存……

当平静下来的时候，我回想着遭遇抢劫的过程，是什么让我从惊恐万状到沉着冷静，再到心无畏惧？

是心中的佛。

佛，也是有正能量的自己。

一直以来，我相信佛经里说的，自己就是自己的佛，信佛，也是信自己。每一次合十，每一次礼佛，形式上是在对佛许愿，其实是去掉心中干扰、排除杂念的过程，让心平静下来，真实地面对自己的过失。与其说是祈祷佛保佑，还不如说是对自己许下承诺。

当被自己的善良感动时，你要坚信上天不会抛弃你不管。你的善良也会引导还存有善念的亡命之徒。在危急时刻，上天会帮你逢凶化吉……

这是爱的正能量创造的奇迹！

我们常常说的灵光闪现，其实就是生命能量的爆发。

当你浑身充满爱的正能量时，有一种无形的力量从你的心里散发出来，笼罩全身。别人看不见，但感受得到强大的气场。气场吸引着所有吉祥善良、美好如意的事物向你靠拢，所有戾气、邪恶、灾难也将化为乌有！

亲爱的，我将发生在我身上的真实经历与你分享，是想让你懂得：

我们生活在真实而残酷的现实世界里，这里不仅有欢声笑语，也有危机困难。在我们的人生中，有阳光，也有阴霾，无常总是存在着。唯有修炼爱的正能量，心无所畏，命运才在你手中。

第三章

历练幸福的智慧

有时，时间过得太慢，等待真命天子的过程让人度日如年；有时，时间过得太快，一眨眼青春年华已逝。在有限的青春年华里，我们要历练幸福的智慧，做一个有智慧的幸福女子。

幸福的关键，是要嫁给一个靠谱的男人。

女人不怕晚一点找到幸福，最怕被不靠谱的男人耽误。

女人不怕嫁不出去，最怕嫁给不靠谱的男人。

亲爱的，别让你的心灵“失聪”。敢对你说真话、说直话、说难听话的人，都是为了你好。打开心，虔诚地听一听自己信得过又有判断力的人的逆耳忠言，尤其要虚心向智者请教。

女人的心，是一块田。这块田，自己要负责任地打理好。亲爱的，你的心田只能由自己负责。你是主人啊，要明白什么是杂草，什么才是你想收获的花果。

对有些事情不能含糊不清，该拒绝的必须断然拒绝；别让它们阻碍了你的幸福啊；同有些人不能纠缠不清，该赶出生活的必须狠心清除，别让他们阻拦了你的真命天子啊！

这样的你才令人欣赏、钦佩，才能拥有幸福！

这些不靠谱的男人，你可曾遇到

俗话说男怕入错行，女怕嫁错郎。幸福的关键，是要嫁给一个靠谱的男人。

如今，不靠谱的男人随处可见，冷不丁就碰上了。能不能避开不靠谱的男人，找到靠谱的男人，不是命好不好的原因，而在于你能不能鉴别什么样的男人不靠谱、男人的哪些行为不靠谱。

在电视剧《咱们结婚吧》中，高圆圆饰演的桃子，因为善良单纯，因为恨嫁，被那个不靠谱的“画家”欺骗，若不是亲耳听到果然的手机录音戳穿他，她真的会被他肤浅的伎俩感动得嫁给他了。

被不靠谱的男人欺骗与女人的智商和年龄无关，无论是不谙世事的小姑娘，还是职场上精明能干的女强人，如果遇上善于欺骗的男人，被其抓住软肋，正中其下怀，情商、智商瞬间变为零的几率非常高。

尤其是，这种欺骗，都是以爱为名。

有时候，你把他当成男朋友，他却没把你当成女朋友。也就是说，他是你男朋友，但你不是他女朋友。

你把他毫无保留地带到自己的朋友圈、工作场合介绍给别人认识，而他找各种借口不让你接触到他的圈子，从未告诉过你他的确切的工作地点，从未用办公室的电话打给你，你除了见过他的一两个狐朋狗友，没见过他的领导、同事、家人。

正常的男女朋友交往，一定是彼此圈子的交融。即使在初步交往阶段，有诚意的男人也会让你知道一些你该知道的基本情况，而不是含混不清，借故封锁。如果他处处对你设防，最大的可能是，他压根没想过和你交往多久，封锁你了解他的渠道，就是为了防止不久后的麻烦。哪天他借故分手或突然从你的生活中消失，除了一个电话号码，你根本没有其他联络他的方式，找不到与他有关的任何人，只能哑巴吃黄连了。

有的男人在本地或外地打着和你谈恋爱的旗号，却三五天甚至半个月才打一次电话给你。你责怪他为什么没有每天打电话给你，他说实在太忙了，连睡觉都顾不上。你生气不接电话，他说好想你，忙都是为了以后能给你更好的生活条件，唯一一点时间都给你了。如果你当真以为他百忙之中抽空想你了，从而把他当成男朋友，期待着他有朝一日风风光光娶你，那等来的只有失望了。他打电话约你见面的频率会越来越低，直到有一天没有了任何音讯。

正常的男女朋友交往，如果不见面，每天无论再忙再累，他都有时间、有心思打电话给你。即便他身在外地，也应该每天都跟你有电话、短信、微信联络，即使没见面，你手里也有一根风筝线拉着，知道他的去向。最大的可能是，他本来就有固定的女朋友，更有甚者他其实是已婚男人，你只是他生活中的调剂品。你为之感动的背后，其实是他在无聊寂寞的时候想起了你，打打电话调调情而已，如果能和你以男女朋友的名义上床，那就再好不过了。

一个靠谱的男人也有不靠谱的时候，也有不靠谱的行为。之所以不靠谱，在于他出于什么样的目的，遇到了什么样的女人。

有的女人对待感情不专一，以为自己是情场高手，甚至主动勾引对方；有的女人明知道对方有稳定的家庭，却因为喜欢对方，幻想用自己的“魅力”将他抢来，占为己有。

自己都不靠谱的女人，难怪会经常遇到不靠谱的男人了，即便遇到了靠谱的男人，也会激发他做出不靠谱的事情。所以，要找到靠谱的男人，自己首先得靠谱啊！

一个靠谱的女人，如果不能以慧眼甄别男人靠不靠谱，吃亏的是自己，怪不得老天爷不公平，更怪不得别人。在一个地方跌倒后，下次要知道避开绕行啊。

女人不怕晚一点找到幸福，最怕被不靠谱的男人耽误。

女人不怕嫁不出去，最怕嫁给不靠谱的男人。

你会“借题发挥”吗

关于两人相恋的很多话题中，我们谈到最多的是如何做一个温暖的女人，如何对他好，如何修炼爱的正能量。然而，在现实生活中，总有一些男人“不知好歹”——再好的男人偶尔也有“不知好歹”的时候。

从很多女性的倾诉中我发现，这个世界上好女人有很多，她们既在事业上非常成功，又在生活中待另一半特别好。可是，在恋爱婚姻中，这些女人却总是处于被动的状态，究其原因，就是对他太好了，好到纵容他、宠坏他，却不知某些时候会滋长某些男人的“贱性”。

一位自身条件优秀的33岁未婚女青年来我的工作室求助：一年半前她和一个27岁的男生开始姐弟恋，男生虽然比她小几岁，却有过婚史并有小孩。她对他非常好，无论精神上的理解还是经济上的支持都做得令旁人为她担心，所有人都觉得她对他太好了。她日夜盼着他早日向她求婚，可是迟迟没有下文。刚开始，她以为他刚从过去失败的婚姻里走出来，有阴影，所以百般迁就，百般体贴，结果两年过去了，结婚仍未被提上议事日程。前几日，她忍不住主动和他说：我们结婚吧。又说了一通打消他各种顾虑的体己话。可惜，他还是支支吾吾，态度含混不清……

我问她，这几天你怎么对他的？她说和平时没有两样，还是照样对他好呗。难怪他们之间会形成今天这样让她“被动”的格局，说到底，不是她不好，是对他太好了，好过头了！这个男人借着比她年纪小的优势，“贱性”随着她的纵容而滋长。

女人是要对男人好，但如果一味纵容，不懂得在适当的时候借机生气，表明自己的不满，那也难怪男人会有恃无恐了。

借机生气、借题发挥，不一定是大吵大闹，争个面红耳赤。每个人生气的方式有很多种，哭给他看，或沉默以对，或冷落他，甚至保持距离几天不见面，都是向他表明：平时善解人意的你生气了，对他的所作所为不满意！他伤了你的心！

更直接一点地说，是要告诉他：如果你还照此下去，我就忍无可忍了！我要下最后通牒了：要么分手别耽误我的终身大事，要么给我一个明确的交代！

可是，很多女性怕生气，怕因为生气而失去了他。其实，真正爱你的男人绝不会因为你偶尔生气就被气走，被气走的一定不是真正的缘分。不这样做，你怎么知道他到底怎么想？如果他有觉悟有诚心，你生气会激发他反省，检讨自己的过失，然后加倍珍惜你。如果本来就没有诚意与你相伴一生的男人，因此推卸责任而离开你，那应该早走早好。

有时候，生气也是试金石，无论结果如何，都比一直被蒙在鼓里好。如果你因为害怕失去而不敢面对，他表面上和你谈着恋爱，心里却没想过要娶你为妻，最终耗费的，终是你宝贵的青春年华啊！需要谈婚论嫁的你，折腾得起吗？

所以，如果一个男人一边享受你的好，一边对你敷衍，不妨故意找找碴，借机发发脾气，借题发挥一下。不管是什么结果，都没什么大不了。

若是过眼云烟的孽缘，你应该早日看清真相，早日了却，另觅真命天子。

不是每个男人都懂得把握求婚的时机。有的人，有时候需要激他一激，急他一急，说不定你的“借题发挥”就激发他下定决心向你求婚了。

亲爱的姑娘，不妨试一试。

为何你总是遇人不淑

有个女孩诉说自己在情感道路上总是遭遇类似的人,重复雷同的恋爱经历。她抱怨老天爷为什么总是捉弄她,让她一而再,再而三地遇到失败的恋情,为何她总是遇人不淑,碰不到好男人呢?

我在和这个女孩交流的过程中,发现她一直只顾着倾诉不幸遭遇,却听不进别人的建议。也就是说,她倾诉,只是想找个人倒倒情感垃圾,像祥林嫂一样宣泄不幸,而不是想通过交流找到恋情失败真正的原因,得到切实的帮助。

由此可以推想,她往常可能更加听不进身边人的想法和建议,也难怪总是重蹈覆辙了。

有的女孩总是被已婚男人盯上。他们一开始隐瞒已婚的事实,后来被发现了就打着会离婚的幌子继续欺骗,厌倦了之后找个冠冕堂皇的借口分手。

姑娘啊，这世上哪有那么多年纪不小了还单身的男人？哪有那么多为婚外情而离婚的男人？你遇到的基本都是用情不专的情场高手，盯准了你的天真你的傻才下手的。人家在游戏人生，你却当他是真命天子打算跟他谈婚论嫁，结果可想而知了。明知道他是已婚男人，还抱着侥幸心理等他离婚来娶你，人生有多少青春年华经得起如此折腾消磨？结果耽误的是你自己啊！

有的女孩总是容易“一见钟情”。她们动辄山盟海誓，闪电式地陷入突如其来的“爱情”里，如飞蛾扑火般奋不顾身。激情来得快去得也快，过不了多久，她们发现对方完全不是最初认识的那样，于是感觉从天堂坠入了地狱，闪恋闪分。

姑娘啊，现实生活里哪有那么多电影桥段？那些都是事先设计好了的，一见钟情，二见薄情，三见绝情。泛滥的爱不是真的爱，有时只是被寂寞突然撩拨起来的欲火而已。

有的女孩总是遇到向自己借钱的男朋友。他不仅花她的钱，还找各种理由不断借她的钱，甚至以她男朋友的名义向她的亲朋好友借钱，而这一切都是以谈婚论嫁为名。有的甚至将结婚请帖都发出去了，婚礼的前一天却卷款而逃。女孩辛辛苦苦挣来的积蓄都被男人骗光，还要赔上不少的青春年华。

姑娘啊，如果你有同情心，多去做点善事救助一下贫困儿童吧。这样的男人就是看准了你的同情心，预先编好借钱的理由，步步下套等着你钻。你们还不是夫妻，没到你来救助他的地步。骗财、骗色、骗感情的骗子不只存在于曝光的新闻里，冷不丁就被你碰上了。

有的女孩总是为不靠谱的男人怀孕、堕胎，男人撒手而去，她落得一身病痛，甚至终生不孕。

姑娘啊，你悠着点啊！现在虽然观念比较开放，但女孩子还是保守一点稳妥些，别那么快就经不住诱惑投怀送抱啊。能不能先想想这个男人是否值得你托付身体？你是否做好了保护自己的措施？没有任何男人会承受你身体的创伤，受罪的只有你自己。身体是自己的，自己都不爱惜身体，还指望谁能爱惜你啊！

有的女孩总是遇到有暴力倾向的男人。不知是她偏爱这类男人身上的某个优点导致她重复选择，还是她的性情容易激发男人的暴力倾向呢？一旦发现男人有暴力倾向，不管他有多好，能逃多远就逃多远，惹不起躲得起呢。

有的女孩每次恋爱都把持不住自己，很快交付身心，每次都无果而终。在这样重复的恋爱中存在共同的问题，可惜她无法吸取上一次失败的教训，总是重蹈覆辙。

苍蝇不叮无缝的蛋。想遇到好男人，得先做好自己，让不靠谱的男人远离你，缘分才会慢慢向你靠近哦。

女孩子在成长的道路上，偶尔遇人不淑不足为奇。但凡勇于从摔倒的地方爬起来，善于吸取教训的女孩子，不会在同一个地方跌倒。痛一次，伤一次，长了记性，日后遇到类似的人，出现类似的苗头，都会赶紧避开。如果总是重蹈覆辙，说明你太糊涂，太顽固，太自我——

糊涂到好了伤疤忘了疼，一而再，再而三地让自己遭受重创。

顽固到听不进任何人的善意提醒，我行我素，每次情感失败都因为同一个问题。如果听不进逆耳忠言，神仙也救不了你啊。

自我到总是相信自己“当局者迷”的判断，不撞南墙不回头。

这样的女性，在情感道路上遇人不淑，是难免的宿命，付出的代价，是神仙也挽回不了的。

姑娘啊，别让你的心灵“失聪”。敢对你说真话、说直话、说难听话的人，都是为了你好。打开心，虔诚地听一听自己信得过又有判断力的人的逆耳忠言，尤其要虚心向智者请教。他们是你情感道路上的贵人，接受贵人的帮助，少走弯路，胜走万里路啊！

最重要的是，你要学会反思自我，学会内省啊！改变了自己，才能远离噩梦，遇到好的男人啊！

别让幸福葬送在自己的嘴上

“相亲时如果对方问起我过去的情感，我该不该坦诚相见呢？”

“现男友对我和前男友的事情很好奇，时不时打探，我该不该如实相告？”

“气死我了，我相信她才告诉她我的情感隐私，她却广而告之，朋友们都知道我的糗事了。”

……

常常听到类似这样的问题和抱怨，我哭笑不得。我也常常在电视相亲节目中看到很多男女嘉宾当着全世界观众的面一把鼻涕一把泪地哭诉与前恋人的恩怨情仇，过往的山盟海誓至今刻骨铭心，种种迹象似乎在告诉大家：我是很痴情的，我曾有过蚀骨铭心的爱情，至今我还忘不了他 / 她。

人已经站在相亲的平台上了，还把前恋人挂在嘴边，相亲结果可想而知，几乎没有人会接受还沉浸在过去感情阴影里的对象。而事实上，站在台上的其他嘉宾，或许同样也有还放不下过去感情的，但他们聪明一些，将过去的事放在心里，不说出来，没人知道，于是他们牵手成功的几率自然高一些。

不要以为将过去挂在嘴边是必要的“坦诚”，是对情感“忠贞”。其实，这是搬起石头砸自己脚的愚蠢做法。

有的女人对男人非常坦诚，坦诚到对过去的感情经历言无不尽，以为这样“掏心掏肺”可以换来他的“绝对信任”和“深切理解”，结果却活生生地将过去的阴影种植在新的恋情中，让男友无法忘记、无法放下、无法忍受她的过去而分手。

有的女人把悲惨的情感经历悄悄告诉自以为信得过的女性朋友，结果发现不久之后其他朋友一个接一个都知道了，甚至连现任男朋友都从周围人的“大嘴巴”里细知她的前男友、前前男友的事。隐私成了公开的秘密，令她无论见到谁都像被扒光了衣服一般，让人情何以堪！

有的女人遇到相亲对象打探自己过去的情感经历，不但不明白这是对方不尊重自己的行为，还一五一十地回答。他是警察，你是犯人吗？对于一个初次见面的陌生人，需要了解、沟通的内容有很多，唯独不包括盯着这个问题谈太多，一笔带过即可。如果他还刨根究底，那你应该知道，这样不懂得尊重他人隐私的人，再优秀又如何？

没有男人会喜欢女人口无遮拦。聪明的女人应该先懂得管住自己的嘴，善良的女子应该先有口德。祸从口出，不仅要少在他人背后说三道四，还要在言语上给他人留点余地，更要保护好自己的隐私。很多女人的感情就葬送在自己的嘴上了。你的有些情感隐私永远不需要别人知道，有些秘密永远只需留在自己心里。

女人的神秘更吸引男人，好比遮着薄薄白纱的面容更能撩拨男人的心，一层一层的神秘感慢慢地呈现，才能满足男人的挑战欲和征服心。而有些纱，永远都不要揭开，让它随风飘逝，永不回来。

现代女性不必像祥林嫂一样逢人就哭诉不幸以博取同情。要知道，同情埋下的往往是祸根，而你要的是幸福，是当下的幸福，未来长久的幸福。所以，要找到幸福，先管住自己的嘴，即使话到嘴边也要狠心咽回去，别让幸福葬送在自己的嘴上啊！

同样，你也不必对他过去的情感经历刨根究底，知道了对你没有任何好处，对你们俩之间的发展更没有好处，何必故意找根刺扎在心头呢！有时候，女人真的需要神秘一点、糊涂一点，幸福就来得容易一点哟！

如何对付苍蝇一样的男人

一个女孩来工作室聊起她最近的遭遇：

一个月前，我在相亲网站上认识了一个外地的军人，他说父亲得了癌症，要急着结婚，因为我也想快点结婚，所以我们俩开始“谈婚论嫁”。几天后，他网购了十几套制服式的睡衣送给我，各种职业的都有：空姐、护士、警察……然后说想看看衣服合不合身。我想反正快要结婚了，就穿上拍了不露脸的照片发给他，他夸我身材好……几天后他来看我，说要和我商量结婚细节，于是到了我的闺房，那晚他没走……然后他说先回部队，筹备婚事……结果一去再也没有音讯……打他电话，他说家里人不同意这门婚事，他这么孝顺，不好违背父母的意愿……

她把微信聊天记录给我看。我发现他们俩才认识几天就开始亲热地互称“老公”“老婆”,字里行间特别火热,不乏挑逗。自拍的穿着睡衣的照片很暴露,完全可以看出身材。在男人离开后,她主动发了很多“失去自我”的微信,比如:你知不知道我已经爱上你了……

问题是——这个女孩根本没发现不妥,对方送睡衣,她觉得还没见面就送礼物显得他很大方,以为要结婚了所以发展快一点喽。

先不说对方是不是打着结婚的幌子骗色的骗子,即便他的身份是真实的,这个女孩面对谈婚论嫁的对象的做法也有问题:

她看不出对方对她的不尊重。对方用廉价的睡衣轻易地达到了猥琐的目的,她不仅没有拒绝,还非常配合。和网友第一次见面就将其带到闺房,还留宿。这一系列的行为都没有赢得对方的尊重。

她不懂和结婚对象交往需要格外地矜持和保守。也许对方只是试探,结果发现女孩不懂拒绝,抵制不了诱惑,就当便宜给占了,压根没想过要娶回家做老婆。男人会和开放的女人谈恋爱,却希望娶一个保守的女人做老婆。

无论有多么急着结婚,女孩子都要保留自己的“底牌”,如果过早地“缴械投降”,即便结婚了,也无法驾驭得住婚姻。发展再快也不能省略了谈婚论嫁该有的环节,比如:核实对方身份,看他如何用诚意打动你和你的家人、朋友,了解他的性格中是否有极大的缺陷……

该了解的没有了解,不懂拒绝各种不尊重自己的要求,结果可想而知了。

有的女孩总是遇到第一次见面就动手动脚的男人，问她为什么不拒绝、不发飙，原因竟然是她怕拒绝会伤男人的自尊心，更做不出扇耳光的举动了。

唉！这么不懂拒绝，不懂保护自己，也难怪让男人屡次占便宜了！

有的女孩和男人第一次见面时总是带他到闺房，或去宾馆。第一次见面就能进闺房和去宾馆的男人，还有什么事做不出来呢？像这样的常识，很多女孩却不懂，傻乎乎地顺从男人的安排，结果发生什么事都有可能了。

有的女孩总被平时没什么交往的男人当成酒后电话骚扰的对象，一两个小时，忍受着一个醉鬼的胡言乱语。亲爱的，即使你是天使，也应该只安慰值得安慰的人啊！平时不见踪影，醉后朝你发酒疯倒垃圾的人明显不尊重你，值得你忍受甚至安慰吗？

这个社会上，有很多"苍蝇"一样的男人。

坏男人，令你生厌的男人，让你感觉不对劲、"有病"的男人，都属于这一类。

女人对这种男人，要果断远离，坚决避开，巧妙应对。

苍蝇不叮无缝的蛋。一旦你开了点小口子，他就会乘虚而入。

他们为了达到某种目的，会像苍蝇一样在你身边嗡嗡作响，说服你接受他们的邀约。很多时候，你无法及时判断。请记住这几条判断的依据：

一、言语、行为上不尊重你的男人。

二、不顾及你的感受，令你烦躁不安的男人。

三、带给你负能量的男人。

四、让人感觉不正常、有心理疾病的男人。

五、让你心里很不踏实、不靠谱的男人。

他们以“喜欢”或“结婚”为幌子接近你、迷惑你，让你心存侥幸，不好意思拒绝，不甘心放弃。

亲爱的，对这种男人狠心一点吧！不要不好意思拒绝，不要优柔寡断让对方有机可乘，不要抱有侥幸心理。

如果他打电话骚扰你，果断地挂断电话吧！

如果他见面时有不尊重你的举动，拿出你的强悍保护自己啊！

如果他做了伤害你的事，别奢望他能负责或补偿什么，别纠缠了，别活在他的阴影里了，就当被苍蝇叮了一口，让他从你生活里彻底消失吧！

是的，亲爱的，对这种男人，要像打苍蝇一样，毫不留情地，拍死！

别把暧昧错当爱情

暧昧，本是一种难以界定的情感态度，少一分是友情，多一分则是爱情。现如今，办公室成了这种情感的高发地带，让人分不清是友情还是爱情。又或许它什么都不是，只是枯燥单调的办公室氛围的调剂品，就像上班疲惫时起身冲的一杯咖啡，用它来刺激一下味蕾，提提神。

据统计，大部分婚外情的第三者是出轨一方的同事，不经意之中发生了感情，中途也很难抽身。欲语还休、剪不断理还乱的暧昧关系成了婚姻当中埋伏的地雷。所以，身在职场，可要小心被这种暧昧关系俘虏了。

男人当然喜欢玩暧昧，闲着也是闲着，暧昧地“钓鱼”，说不定就会“愿者上钩”了。而很多女人总是容易当真，把暧昧错当成爱情，春心荡漾，一旦乱了分寸，就容易失去自我了。

不主动、不负责、不靠谱的“三不男人”尤其是玩暧昧的高手，他明明有老婆/女友,却含蓄地主动招惹你,让你喜欢上他。他沉浸于这种暧昧的“征服欲”中,而你却一不留神被他的暧昧牵着鼻子走。结果,你成了暧昧的牺牲品,他仍然独善其身。

有的女人以为玩暧昧可以得到工作上的帮助、利益上的好处,明知对方态度暧昧,也迎合他,甚至要更暧昧的手段。这样做或许会走捷径得到一些东西,但是,暧昧是需要付出代价的,你承受得起吗?

有的人将暧昧修成了爱情、婚姻,有的人被苍蝇叮咬惹得一身麻烦,区别在于,你是如何对待暧昧的。

一个女人行走在职场,可以暧昧,但要懂得辨别:有的暧昧只是双方想便于沟通工作而开开玩笑、调调侃;有的暧昧是在试探你究竟是哪一种女人;有的暧昧就是想占你便宜;有的暧昧如果没应对好就会成为破坏你的幸福生活的凶器!

要懂得辨别暧昧,再用合适的方式处理应对,掌握分寸,把握好度。同事之间抬头不见低头见,如果当众挑明他的暧昧,尴尬在所难免,处理不好还会影响工作。聪明的女子懂得礼貌、客气、委婉地拒绝,装糊涂,打太极,对方自然明白其意,从而适可而止。苍蝇不叮无缝的蛋,男人尊重自爱的女人。

有的暧昧是个美丽的陷阱,让你不知不觉深陷其中,待你发觉危险时,恐已无力自拔。懂得保护自己是职场女性获得成功的必修课。

暧昧,是精神世界里最神秘莫测的情感态度,也是俗世红尘里最滥俗的调情手段。只是,别拿暧昧错当爱情啊。

狠心比多情好

不能不说，在对待感情上，女人比男人更傻、更糊涂，分不清善良与愚蠢、单纯与无知、宽容与纵容之间的界限在哪里，尤其是在处理过去的情感时容易优柔寡断、拖泥带水、混淆不清。

一位 38 岁的未婚女性向我倾诉，她从 19 岁开始谈恋爱：第一段恋情谈了十年；第二段谈了七年；目前正在谈第三段，交往两年了，还没走入婚姻殿堂，觉得不太合适，但担心如果分手又耽误了两年，自己再也耗不起了。

试想，在长达十九年的恋爱生涯中，如果在适当的年龄和一个人结婚生子，孩子也不小了。那么又是什么原因让她谈了十九年恋爱还没能走入期盼已久的婚姻呢？

她追悔莫及地说，在每段恋爱过程中，早已发现对方不合适，但因为舍不得分手，不忍心分手，于是分分合合一耗就是多年，等到实在无法相处下去了才结束，然后又重蹈覆辙，让悲剧重演一次。一晃十九年过去了，等到第三段恋情快结束时她才开始反省：优柔寡断将自己的青春年华都折腾掉了。

有时，时间过得太慢，等待真命天子的过程让人度日如年；有时，时间过得太快了，一眨眼青春年华已逝。

是岁月太残忍还是自己太多情了？

对不靠谱的人太过依赖了，对不该留恋的人太多情了，对明知没有结果的感情太执着了，说到底，是不够狠！不够对他人狠心，结果在无谓的人身上耗费情感；不够对自己狠心，长痛不如短痛！

当无缘人成为过客，当孽缘成为过往，谁为你的青春年华埋单？唯有自己。

尤其是，好不容易分手后还“死灰复燃”，央求你言归于好的男人大有人在。

他在某个醉酒的深夜打电话向你痛诉没有你的日子如何悲惨，事实是：他早已有了新欢，正好新欢不在身边。而你还在自责，反省自己是不是真的不该离开他，似乎他没有你真的不能活。

他在和新欢吵架后，冲动之下找你见面痛诉新欢的不是，懊悔不已地握着你的手说还是觉得你好。事实是：你只是他的垃圾桶，他把因新欢而产生的情感垃圾倒给你，你却把垃圾当珍宝，以为自己是女神，似乎全世界只有你能拯救他。

他在谈了几轮新的恋爱之后又恢复单身，无聊寂寞之余想到了你，请求去你的闺房坐一坐，感慨万千之后深情款款地对你说："我们结婚吧。"事实是：他辗转比较之后实在找不到比你更傻的人了，抱着侥幸心理随口一说，而你当成天大的事认真地听着，还感动得稀里哗啦。

明明各自有了新的生活，你已经找到了真正的幸福，他还死皮赖脸地以关心的名义扰乱你平静的生活。事实是：他看不得你和别的男人那么好，心里不舒服、不平衡。而你还常常背地里瞒着爱人和他私会叙旧，保持联络，自己的动态让他了如指掌。你以为可以在现在的爱人和前男友之间游刃有余，结果却因此葬送了本已到手的幸福。

更有甚者，除了言语上的骚扰，还会在身体上引诱你莫名其妙地做糊涂事。

如果你觉得这样对待过去的人是出于善良、单纯、宽容，或者对他还放不下，还有留恋，那么，残酷的现实最终会给你惨痛教训：多情不但换不来真情，反而会惹祸上身。

这样是非不分、糊涂愚蠢的人，如何找得到幸福！

女人的心，是一块田。这块田，自己要负责任地打理好。那些不合适的人和情感就像杂草，不开花结果，可是春风吹又生，不停地扰乱你的心智。要狠得下心根除杂草，才能腾出干净的地来播种希望。如果种错了东西,即便再费力也是白费心力。心田的养分是有限的,杂草丛生,必定会抢了作物的营养,可能还会让作物夭折。亲爱的,你的心田只能由自己负责。你是主人啊,要明白什么是杂草,什么才是你想收获的花果。不能什么都想要。什么都并存的结果很可能是什么都毁于一旦。

对有些事情不能含糊不清,该拒绝的必须断然拒绝,别让它们阻碍了你的幸福啊;同有些人不能纠缠不清,该赶出生活的必须狠心清除,别让他们阻拦了你的真命天子啊!

这样的你才令人欣赏、钦佩,才能拥有幸福!

我为这样的你鼓掌。

已婚男人与未婚女生的故事

不管这个话题有多敏感,我一定要好好谈谈。

因为,我实在不忍心看到数以万计的未婚女孩因为已婚男人而受到伤害!

是的,亲爱的,我不忍心看着已经有过故事的你还沉湎于过去,不忍心看着正在有故事的你做着天真的梦无法自拔,不忍心看着尚未有故事的你即将重复前面二者的故事。

虽然无法具体统计出与已婚男人有故事的未婚女性有多少,因为她们隐藏在已婚男人的影子里,不能在阳光底下秀恩爱、宣告幸福,更无处诉说,无处找到答案,然而,这几年,无论收到的读者来信,还是读者当面咨询,抑或是自己亲眼所见的故事,都告诉我一个事实:这已成为社会的一大普遍现象!每个人的圈子里或多或少有类似的故事,只是,大家都不愿意捅破最后一层纸。

所以，即使冒天下之大不韪，我也不得不说说实话！

◎不得不说的实话

和已婚男人有故事的女孩主要有三种：

第一种是刚踏入社会，还没有真正恋爱过的小女孩。她们单纯浪漫，对爱情充满幻想，已婚男人最喜欢招惹这种女孩了。

对社会的无知、对情感的无知、对男人的无知，让她们像张白纸。已婚男人喜欢在白纸上涂鸦。可惜，很多女孩的初恋被涂了一笔后再也无法勾画幸福的蓝图了。

在本该和同龄人体验简单爱情的时期，已婚男人的成熟魅力、体贴关怀以及不凡的能力和优越的物质条件，几乎让她们泥足深陷！一见钟情式的爱慕、前世有约般的缘分、一见如故般的懂得、慈父般的呵护，让单纯无知的女孩们无力招架、无力拒绝。

可惜，结果……基本没有结果。

第二种是明知故犯、本身就不认真的女子。她们明知对方有家室，不可能离婚，自己只是被拿来调剂一下平淡枯燥的婚姻生活，还是为了身体的需求、物质上的依赖，就带着目的，交易式地开始。双方各自打着小算盘，各取所需，挥霍青春年华。

可惜了，结果，游戏式地开始，游戏式地结束。在烟雾、酒精中哭泣、悔恨，即使得到了豪宅名车，也温暖不了冰凉的心！何况，很多这样的恋情结果只是一场欺骗、一场懒人的梦。

第三种是优质女。事业有成的已婚男人对普通女孩很难动心，让他们动心的往往是优秀的女子。她不一定倾国倾城，不一定才华横溢，但一定是人群中突出的女子，有独特的魅力。

很多优秀的女孩愁嫁也是因为已婚男人拦在前面了。到了谈婚论嫁的年纪，她们因为优秀，所以挑剔。而同龄人，很难入其法眼，比来比去，发现只有成功的已婚男人才符合自己的要求。

而她们身上的优点：独立、善解人意、品位高雅……也是成功男士渴求的。她们有小女孩的娇俏可爱，有轻熟女的妩媚多情，还有知己般的善解人意，甚至，在事业上还能给男人出谋划策。这样优秀的女子，到哪里都吸引着已婚成功男士的注意力，老婆在她们面前黯然失色。

第一种和第三种女孩，本身也有同龄的追求者，但因为已婚男人不断主动地招惹，让她们心里没有了同龄人的位置。对于她们来说，已婚男人成熟的魅力如罂粟一般，明知不可食，也尽了最大的力气抵抗，可结果还是抵挡不住攻势，偷食，上瘾，不可自拔。

无论是哪一种情况，其实没几个女孩子一开始就想做第三者，而且大多数是从不知情开始的。倾诉类似故事的读者来信中基本都是这样诉说的：一开始，他只字不提已婚的事实，待她爱上他，交付了身心，他才带着一脸的忏悔告知，美其名曰太怕失去她了，所以一开始不敢告知她真相……

说他自私也好，卑鄙也好，你哭闹，骂他，赶走他，可是他不会轻易放弃，任由你打骂，就是不走。有的是因为真的爱你，不想就此失去你；有的是因为到口的肥肉不想才吃了一口就罢休……

总之，不管是否与爱有关，人性中的贪婪于此展示得淋漓尽致。如果他真的喜欢你，更是把持不住。爱是自私的，他只想把握当下，能拥有你再说，也想不了那么远，今后能不能真的给你幸福，谁也不能保证。

这是真实的人性，不是他有多坏。

◎他具备离婚的前提吗

值得反思的是，为什么会有那么多女孩前赴后继地泥足深陷呢？

事实上，没几个女孩子会在明知没有结果的前提下开始这样的感情。

因为，没几个男人会在一开始就宣告这辈子不可能离婚——说这话，需要莫大的勇气，一般男人不具备。

如果真的喜欢你，他怕因此没有机会和你开始，从情感自私的本质上来说，一般男人做不到像圣人一样无欲无求。

如果与喜欢无关，那他更不在乎暂时的欺骗将会带给你的伤害。

如果他一开始就挑明不可能离婚，只有两种情况：要么他是有超强自控力、极其理性的男人；要么他是本来就抱着无所谓态度的男人。

可是亲爱的，你知道吗？我们见到的特别顺眼、顺心的男人，基本都已婚了，已经从一个毛头小伙被另一个女人打磨得懂人情世故、懂生活、懂女人了。

所剩不多的优秀未婚男士，身边也有多个女人围着转。情场逐鹿，硝烟弥漫，要么你有足够的魅力把他抢过来让他爱上你，要么就甘心付出一切爱他而不奢求他同样爱你。

所以，别奢望眼前正在向你施展魅力的年纪不小的男人是未婚的了。

有女孩子苦笑着说，现在相亲、被追求，再也不敢轻易相信对方是未婚的了，甚至连未婚证明都可以作假，民政局还没有实现跨界联网。

试想，一个未婚男子，得时刻揣着未婚证明去见人，这是怎样的一种惶恐啊！这是被那些打着未婚幌子招惹女孩子的已婚男人坑的，男女之间的信任危机已经到了白热化的地步了！这是时代的悲哀！

当他告诉你已婚的事实，有的男人会痛诉妻子的不是，以此作为自己出轨的最好的理由。有品德的男人不说妻子的不是，但一定不会承认对妻子还有爱意："和她只有亲情，没有爱。遇到你，我才知道什么是真正的爱情。"

爱是打开你心门的钥匙，虽然你明知道这钥匙也是具枷锁。而接下来，他会马上告诉你：我要和你在一起，我要离婚，给我点时间。

一分为二来看。除了用离婚的幌子拖延时间的男人之外，有的男人说这话时，的确是真心想离婚和你修成正果的。他在年轻的时候不懂想要什么样的人、什么样的人适合，没多想就结婚了；后来遇到你，才知道你就是他最想要的女子。他是想和你长久在一起，组建新的家庭，计划过上理想的生活。

可问题是，他说这话时，感性占了上风，都没有细细考虑过离婚的难度。等他冷静下来，理性地思前想后，又悄悄打消了这念头，只是他没有明确地告诉你他的退却。

稍有决心的男人，不是没有努力尝试离婚，然而，当遇到来自孩子、家庭、单位等各方面的压力和阻碍时，又有几个能迎难而上？

离婚有多难？在一次讲座中，我针对二十位成功的已婚男士做了调查——

他们中有好些因为爱而决意要离婚，有一位说了自己的亲身经历：

随着他的不断进步，妻子和他的距离越来越大，两人越来越没有共同话题可聊，几乎到了无话可说的地步，但他仍然忠于婚姻。后来，他遇到了一个女孩，两人相爱了。他提出离婚，可是，他不回家也好，不理妻子也好，妻子就是不离婚。最重要的是，他自己的父母也开始施压。他是家族企业的继承人,父亲是个恪守传统的老人,以家长的专制不准他离婚。

折腾了四年,他筋疲力尽,最终,他无奈地放弃了离婚,不得不和女孩分开。

四年的光阴,就这样折腾掉了。不是他不想离,不是他没有争取过,而是现实中有太多无奈!

财物越自由,情感越自由。越是没钱的夫妻,离婚越容易,因为不牵扯财产分割问题。而越是条件优越的家庭,离婚越困难,因为牵涉到财产的分割、孩子抚养权的争夺、双方家族关系的离散、事业上复杂的职务和股份分离、社会人际圈子的决裂……

总之,他不是和一个人离婚,而是和一个社会团体决裂!

然而为什么也有不少离了婚修成正果、幸福生活的例子呢?这要追溯到——他具备离婚的前提吗?

被调查的男士说,下定离婚的决心,取决于两个关键因素:

一是和妻子本就已经过不下去了,早有离婚的念头,碍于孩子的原因得过且过,离婚是迟早的事情。如果这时出现了一个心仪又合适的女人,就有了催化剂,但离婚后不一定会和这个女人结婚。

二是俩人的爱足够深,深到可以让人不顾一切。

而这两个因素中,第一个原因是必要条件,第二个只是附加条件。

正如上面那个故事的男主角总结的:说到底,不是他不够爱她,而是因为妻子的吵闹没有达到让他无法容身的地步!

男人不因为外遇而离婚,一部分是出于责任感。而在过不下去的情况下,责任感也会被置之脑后,背后真实的原因是——婚姻生活的不愉快程度没有突破他所能承受的极限!

这个根本原因,甚至连他自己都没有意识到,也难怪一开始他也抱着离婚的幻想了。

男人有时候比女人还天真!亲爱的,他天真地做着能离婚的梦,但你要有清楚的判断呀!他离不了,大不了最后无奈地和你说声“对不起”,但你付出的,岂是一句“对不起”能承载的!

很多女孩和已婚男人无果而终,怨恨他当初信誓旦旦地要离婚娶她,结果,他原有的婚姻仍然在,只是多了一段和婚姻以外的她的故事;而她渴望的幸福婚姻,仍然没有得到。

是啊,他拥有的仍然在,大不了继续凑合过日子;而你想要的,不是他不想给你,而是他给不了你。千千万万这样的故事,每天都在不断地发生,而这基本是注定的结局。

亲爱的女孩啊,如果现在的你与已婚男人还没有发生故事,那么就当我在给你打预防针吧!防患于未然,早些看透真相和本质,免得你抱着幻想去亲身经历。

如果故事已成过去，恭喜你，亲爱的，我为你的新生而高兴，也为你的勇敢赞叹！放下吧，别怨恨他，是劫是缘，都已结束，让这段故事在你心里真正过去吧！

如果，亲爱的你与已婚男人的故事正在进行中，我绝不会以道德的标准来说你的不是，我只是为你真切地担忧和心疼！该怎么做，聪明的你，应该明白。

◎不是她不好，只是你更好

“他说他老婆很好，那为什么还招惹我？”

“他说他老婆没哪点比得上我，为什么不离婚跟我在一起？”

“他口口声声说做男人要有责任心，那为什么还出轨？”

“他只知道要为她负责，对我就没有责任了吗？”

“他不为我离婚，是因为不够爱我，是我没有足够的魅力？”

“他既然说爱我，为什么不能为我离婚呢？”

“他老婆明知道我的存在，还装作不知道，真没骨气！”

……

很多女孩心里为这些问题纠结着想不明白、想不开，困惑、迷惘、不解，于是也生出了愤怒、怨恨、痛苦。

阿弥陀佛！

亲爱的，这是因为你没有看懂男人的本性。

男人本色。男人出轨，与妻子的好与不好、自己对妻子爱与不爱、对家庭有没有责任心关系甚微。

有的男人，家里有个近乎完美的妻子，也会出轨；有的男人，爱妻子，有责任心，也会出轨。

有的男人，婚姻名存实亡，但他可以将就着过；有的男人，老婆早已不是他喜欢的模样，但他恪守婚姻的承诺；有的男人，即使过着吵闹不堪的日子，为了顾及孩子，也甘愿隐忍。

这就是复杂而真实的人性。

他说妻子不好，她未必真的不好；但如果他从来没有说过妻子不好，你心里要清楚：他的意思是，她其实还好，完全可以过下去，除了没有爱，找不到其他离婚的理由了。

但他为什么还要招惹你？只是因为你更好。或者，在这个时间段里，你更有吸引力。

平常女人，顺其自然地结婚，过着平淡无奇的日子，无论是人还是婚姻，普通得不能再普通。恪守妻子的本分，像白开水一样无色无味。你的出现犹如可乐、橙汁、咖啡、红酒，刺激着他乏味的味蕾。

即便你不仅犹如这些美味的饮品，而且也有白开水的功效，但是，他早已经有了白开水，也喝惯了，这辈子每天都需要喝。他当然希望既能喝着白开水，又能品尝美味的饮品。但如果要他把原来的白开水丢掉，选择饮品，对于他来说，是改变一种长期的生活习惯，他担心饮品有一天也成了白开水。

但如果他的婚姻已是杯泥水，令他无法喝下去，无法生活，那他自然顾不上所谓的习惯、责任、后患，即使付出再大的代价，也会抛妻弃子，如果有个更好的你在那里等着，离婚几率就更高了。

很多修成正果的婚外恋，就是这种情况。

所以，即便他口口声声说，妻子普通得不能再普通，平凡得不能再平凡，远不如你漂亮，不如你优秀，不如你有魅力，即便哪一条都不如你，但这根本不代表他会为此而离婚，他只是表示对你相见恨晚的爱慕而已。

姑娘，当你失落于错失了这样有责任心的男人时，你更要告诉自己：一定要找到这样有责任心又能娶你的男人！你既然如此好，未来的老公，会比他更爱你！

◎一念天堂，一念地狱

问世间情为何物？明知不可为，明知这条路上没有阳光，没有祝福，有的是险阻煎熬，有的是极致幸福和极致痛苦的交织，仍然如飞蛾扑火，奋不顾身！

很多女孩本不是执着的人，但在这条路上却执着得惊人！不知哪来的勇气，哪来的力量，哪来的坚强，执着到底！

谁劝告都无济于事，她坚信他一定会离婚，只是需要时间。她幻想着和他的故事会是类似故事中成功的特例。一开始都是这么想的，可事实证明，成功的又有几个呢？

在等待他离婚的过程中，一念天堂，一念地狱。你独自在天堂与地狱之间来回，顾得了你的人帮不了你，帮得了你的人顾不了你。

幸福的时候，一念天堂；痛苦的时候，一念地狱。

有个女孩发来一段话：

今晚，身体很不舒服，非常脆弱。下午我和他为他离婚的事情吵了一架，他很烦，丢下我走了。我躺在床上不停地对自己说“不许哭”，却还是控制不住泪水。我多想联系他，告诉他我需要他在我身边，可我不敢打扰他，我知道他正和家人在一起，不方便联系。哭了整整两个小时，我把多年来的泪水都流干了。我哭晕了，昏天黑地的，支撑不住了，给他发了短信，他没回，打电话，他按掉关机了。他享受温暖的时候，却把我一个人丢在冰冷的世界里不管不顾。整整一晚上，我都在不断地哭，做着噩梦，他永远都不会知道我的悲伤、我的苦痛……

你哭泣的时候，他在哪里？

是的，他永远体会不到，这时候的你有多脆弱，多害怕，多渴望他的安慰。这是必然的悲伤，肯定不止一次两次。它会反复不断，直到孽缘结束为止。

一念地狱！

妻子需要他，孩子需要他，父母需要他，他们需要他理所当然，而你需要他，却无处申诉。即使这时候你有意外，有重疾，他也不一定顾得上你——白天还发誓要照顾你一辈子的那个人，一转身，就变成了另一个人，仿佛从你的世界里蒸发了，去了另一个世界。那个人是全身心陪伴妻儿父母的老公、父亲、儿子，唯独不是你的爱人。那个世界里有天伦之乐，或许还有对你的牵挂，但，只在他心里，不可能有其他人知道。

你在哭泣的时候，想象这个场面，心里有多痛啊！亲爱的，我想象着你抱着枕头蜷缩在角落里痛哭的模样，心里就怜惜。

怎能说你活该受罪！这不是慈悲。

为了保全他的安宁、他在家庭中的完美形象，你忍耐着一切，装作若无其事的样子。而事实上，你每一分钟都在煎熬着，心在流血。

也许会有人说是活该，而其实这样的忍耐何尝不是一种善良和单纯！只是，你爱错了人！所有的善解人意都变成了可怜的委屈，所有的痴情都变成了对自己的折磨和伤害。

亲爱的,不要恨他,不是他心里没有你,他有他在婚姻中要尽的责任啊!

但你心里要清楚:如果他还能和家人其乐融融地相处,就意味着你和他不可能有结果!

亲爱的,但愿你不要撞得头破血流才肯回头。

◎没有谁能负责你的一生

情路上最大的悲哀是:有人深爱着你,却不能娶你为妻。你深爱着他,却无法嫁给他。你们俩是天设一对,地造一双,可惜,造化弄人,你们错过了。

他是真的爱你,你感觉得到他真切而无保留的爱。

他是真的想每时每刻和你在一起,每一分钟都那么甜蜜幸福。

他是真的想照顾你,发自内心地乐意,而不是为了责任。

他是真的想守护你,希望你永远在他的保护伞下像小公主一样生活着。

……

一切都那么完美——除了,他不能给你婚姻。

他若是没有责任心轻易抛妻弃子的男人,你不会爱。你爱上的,恰恰是为了责任顾不上爱情的男人。他是真的爱你,却也真的无奈。除了婚姻,他什么都可以为你付出。而你,却不能没有婚姻。你渴望的,当然是和相爱的人步入婚姻殿堂,相守到老。

他只能和你谈情感,而你却想和他谈婚姻。于是,在责任与爱之间,在情感与婚姻之间,你和他仿佛站在地球的两极,纠结、抗争、争取、徘徊、折腾……最终是你无奈地选择离开,他也只能无奈地放手。

一次聚会,席间无意中谈起这个话题,一位最受尊敬的老师突然当着众人的面泪如泉涌:"曾经,有个心爱的女孩等我离婚,跟了我五年!那时我还没有孩子,和老婆关系也很糟,其实是可以离婚的。但我顾忌太多了,一直没下定决心离。她是个多么美好的女孩啊!可是越好的女孩子越怕给我压力,越是不会逼我离婚,所以,一直耗着。我永远都记得那一天,她找到我,一边哭着,一边问我能不能离婚。我当时没有意识到什么,以为她只是说说而已,没太当真。一个月后,传来她结婚的消息!我才知道那是她最后一次给我机会……而我却辜负了她……她找了个好老公, 现在过得很幸福……多年以后的我终于明白:在人的一生中,老天爷只会给我们一次机会,赐予最美好的人,如果当时没有把握住,此后不再有! 曾经沧海难为水,除却巫山不是云……"

这个平时刚强的男人此刻顾不上众人在场,忆及往事,抑制不住

内心的愧疚、悲伤、懊悔,泪水在他脸上肆意流淌。

紧接着,在场的好几个男士也陆续摘下面具,放下身份,诉说类似的故事,基本都是:我们彼此相爱……她等了我几年……后来她不得不离开了我……我辜负了她……现在的我一想起来就痛心伤感……

我在一旁静静地听着,陷入了沉思。

佛家说因果,此时他们的悲伤是辜负那些善良美好的女孩的果报吗?

而此时,那些曾经单纯、善良、美好的女孩在哪里?

或许,她还因为心里有他的影子而无法爱身边的人;或许,她早已放下过去,放下他,找到了生命中那个相爱又娶她为妻的真命天子,过着幸福美满的生活,偶尔回想起他时,心底掠过一丝复杂的情愫,或怀念,或惆怅,或心痛……但无人知晓。

他们都是有责任心、有情有义的男人,而在责任与情义之间,他们选择了责任。当只能在婚姻和爱情、妻儿和心爱的人之间选择其一,他们无奈地选择了前者。

有爱,而无责任;即使无爱,还有责任。——这或许才是女人要结婚的根本原因。大部分女人缺少自信,需要用婚姻的责任来维系家庭的完整。

仍然有无数女孩做着这样的梦:他说除了不能给我名正言顺的婚姻,待我会和妻子没有任何区别;他说不管发生什么事,不管将来我变成什么样,他都会负责我一辈子……这辈子我再也找不到像他对我这样好的男人了,我甘愿做他一辈子的情人……

我相信他说那些话是发自肺腑,然而,姑娘,世事无常,每个人连自己的命运都不知将有怎样的变数,又何谈对你的一生负责呢?

亲爱的,谁能负责你的一生?父母?他?丈夫?

其实没有人能负责你的一生。父母是世上最无私地爱你的人,都无法负责你的一生,何况是还要负责另一个家庭的他!

佛家叹无常,就是想告诉众生:不要抱有不切实际的幻想,放下不该有的欲求,放下执着的心。

没有幻想,就少走些弯路。没有欲求,就少些失落。没有执着,就少些痛苦。

亲爱的,没有谁能负责你的一生。唯有做自己的主人,靠自己,让内心强大起来,在无常的人生中,才能心无畏惧。

因为,你的内心,有一个强大的自己,她才是你终生的依靠!

◎赶走他,给心腾出地

有一个女孩讲述她的故事:

一次去苏州出差，在火车上，我和他正好坐对面。他主动和我聊天，我们就这样认识了，聊得很投机。他是苏州人，从外地出差回来。他看起来像个家庭幸福美满的男人，我什么都没多想，只当打发车上无聊的时光。

下车时，他要了我的电话号码，说到时他要尽地主之谊请我吃个饭。我见他不是坏人，就告诉了他。接下来出差的一周时间里，他多次约我吃饭、游玩，还送礼物给我，并表白对我与日俱增的喜欢。我知道他是个有家庭的人，不能接受他的爱慕，于是我冷静地与他保持着距离，一再婉言谢绝，并提醒他不要招惹我，我不可能做第三者。

可他使尽一切招数来打动我。我出差回来之后，母亲重病住院，他自告奋勇要来看望、照顾我的母亲。我起先不同意，他说短暂的相遇让他无可救药地爱上我了，表明决心要为我离婚和我在一起，然后他擅自来到了我所在的城市，我不好不见他。再后来，他想尽一切办法说服我，要我相信他是真心喜欢我，想一辈子和我在一起，要我给他机会表现。

我被他的诚心打动，防线一点点瓦解，平时的理性在“爱”面前崩溃，让他见到了我母亲。他极其细心地照顾我母亲，还抢着帮我付医药费。因为我从来没带谁见过亲人，所以希望我赶紧嫁人的母亲和亲人们都以为他是我男朋友。还不待我解释，他主动说是。我也渴望给亲人一个交代，所以就没解释什么。很快，朋友们都知道了，都以为他是未婚的钻石王老五，为我终于找到了合适的人而高兴。

从这个谎言开始，我只能隐瞒到底。他说先瞒着，等他离了再解释。我知道这很冒险，但爱情中的我只顾着享受当下的幸福，憧憬着和他美好的未来。

不久，我怀孕了！曾经，他在说服我交付身体时信誓旦旦地说："要是有了孩子，我就和父母说生米已煮成熟饭，以取得父母的支持。"我满以为这是争取他离婚的好机会，没想到他一听到这个消息就陷入了烦躁中，说这段时间生意上的事情很棘手，要去外地出差处理，等国庆节闲一点回老家，他一定当面和母亲说离婚的事，然后说服我先打掉孩子，反正他一定会为我负责到底。

我千万个不愿意，求他能不能让孩子留下来，同时离婚。他说这样会让我背上不好的名声，还是劝我先打掉孩子。我哭了好多次，但为了不让他为难，只好忍痛堕胎。

一个月以后的国庆节，他回老家了，说他让母亲支持他离婚，但母亲以死相逼，就是不同意。他还说深爱着我，是真的想和我结婚，但没想到离婚这么难，也不知几时能离得了，怕耽误我，要我别因为他而拒绝别的追求者……我痛哭着求他再争取一下，他就是没有回应……

没想到是这样的结果！我觉得自己无法向亲人朋友交代！没

脸再见他们……

这个女孩找到我倾诉的时候，一个原本阳光开朗的女孩，变得空前地抑郁、自责！她希望我将她的故事公布在此，让更多的女孩从她的故事中吸取教训，早日醒悟。

其实，类似这样的故事非常多，只是每个人都以为只有自己的才是特殊的故事。

很多的女孩，在对方的信誓旦旦中冒险，带他见家人、朋友，结果让自己处于被动难堪的境地！无论他是欺骗你，还是出自真心，结果都相差无几——无奈地分手。

而女孩，在身体上，总是受伤的那个，他唯一留下的是“对不起”。可一万句“对不起”也承载不了女孩的伤痛！

女孩得抑郁症大多是因为背负这样的故事。情伤，永远是对女人致命的打击。

她们找不到合适的人诉说，找不到出口，不知如何化解这段情劫：我该怎么办？

亲爱的，看看《简·爱》里的这段吧。当婚礼上的简·爱知道罗切斯特还有一个疯了的妻子时，她虽然深爱着他，但还是在那个凄风苦雨之夜，毅然离开了罗切斯特。让我们重温一下简·爱当时内心激烈的斗争吧：

我曾那么爱罗切斯特先生，还几乎把他当成了上帝。虽然现在我也不认为他是邪恶的。但我还能再信任他吗？还能回到他身边吗？我知道我必须离开他。对我来说他已不是过去的他，也不是我想象中的他了。我的爱情已失去，我的希望已破灭。我昏昏沉沉地躺在床上，只想死去。黑暗慢慢把我包围起来。

我经历着一次煎熬。一双铁铸火燎的手，紧紧抓住了我的命脉。一个可怕的时刻，充满着搏击、黑暗和燃烧！人世间再也没有人能期望像我这样被爱了。也没有人像我这样拜倒在爱我的人的脚下，我必须摒弃爱情和偶像。一个凄凉的字眼就表达了我不可忍受的责任——“走”！

想起我离开的一切多么令人痛苦！而我又无可奈何……

亲爱的女孩啊，不要压抑你的痛楚，想哭就哭出来吧，找个信得过的人，说出来，让它过去吧！坚强自爱的简·爱在知道真相后离开的那一刻，也经受了那样的挣扎、伤痛和煎熬。不管出于对疯女人的仁慈，还是自尊心使然，她还是离开了他，直到后来他成了自由身。

诚然，自古以来，道德打压不了真情。在这个年代，谁也无法单纯地用道德来防止婚外恋的发生。我相信没有哪一个女孩愿意背负道德的谴责，没有哪一个女孩想故意伤害另一个善良的女人以及无辜的孩子。

亲爱的,如果你身边有这样的女孩,不要一味地痛斥她的不是,这只会让她不敢再和你说真实情况,远离你的关心。要理解她,温暖她,承载她的信任,帮她保密,帮她化解,帮她走出来,面对阳光下的生活,这是在积德!相信在不久后,走在阳光下的她一定会感激你。

◎往前走!阳光在等你

“人生若只如初见,何事秋风悲画扇?等闲变却故人心,却道故人心易变。……”纳兰容若当初写下这首词时,说的是男人的薄情易变。其实,在这个年代,女人的心更易变。

很多陷入故事中的女孩,当时总以为离开谁都不能离开他,没有谁都不能没有他。没有他,仿佛暗无天日,活着没有意义;离开他,无法活下去。她更不会相信将来还会爱上别的人。所以,无论付出多少代价她都愿意和他冒险,不撞南墙不回头。

一位大姐和我说起,几年前,她曾和一个已婚男人轰轰烈烈地爱过,他确实为她离婚了,却和他的一位女友暧昧不清……自尊心强的她毅然主动提出分手,一段长达三年的感情就这样结束了……当时的她,整天跪在佛前,心痛得无法呼吸,以为自己活不下去了……

而如今的她,早已幸福地为人妻母,说起这些往事,仿佛在说别人的故事一般，云淡风轻。

其实，女人比男人更坚强，比男人更易变！女人比男人更狠心！

女人平时柔弱，但在关键时刻，一旦下定了决心，内心强大的潜能一旦激发开来，就势不可当。

女人在恋爱中痴情，但在残酷的现实面前，也能逼迫自己放下该放下的人，忘记该忘记的情感，健忘到连自己都无法相信居然能放下他！

女人能对爱的人极尽柔情，但当看清楚无缘人，狠心起来，比男人还要干脆果断、义无反顾。他都不相信她如此干脆，而她却是真的做到了！

他对她的认知还停留在过去，而她早已在磨砺中蜕变！那时，沉浸在幻想中的是男人，沉湎于过去的是男人，想不明白的也是男人！

为这样的女人喝彩！这才是聪明、懂得爱自己、值得人疼惜的女人！

其实，亲爱的，你比你想象的要坚强，他没你想象的那么重要！

如果感情可以用数字来衡量，那么这样的故事，是负数，要先从负数走到零点，再从零点走向正数。

佛说，放下，放下。得到，感恩；不得，今生修得来世缘分。自有更好的人来爱你。

别抱怨他了，不管他是存心欺骗还是确实无奈。放下他吧，感谢他让你成长，感谢他让你懂得爱，感谢他让你历练得坚强……

找个有责任心的爱人，将来，即使再有魅力的女子，也抢不走他。反过来，你要学习他聪明的妻子：即使知道老公出轨，也装糊涂，不吵不闹，引导他回心转意。你也可以造就一个只属于你的男人，让他永远都恪守对你的承诺，永不离弃。

在这个世界上，你离开谁都可以活，更要活得好，为自己争口气。往前走，让明媚的阳光照进你的心房，驱走那些积压的阴霾吧！有个阳光男孩在前方等你很久了……不久后的一天，你会恍然发现：原来，他才是你真正想要的真命天子，这才是你最想要的幸福。

某一天，你和你的王子在亲朋好友的祝福中走上红地毯，人群中，或许有曾经的他，望着幸福甜蜜的你们，失落，心痛，却与你无关了，你再也不在乎了……

感谢那是你，牵过我的手；可惜不是你，陪我到最后……

◎有一种慈悲，叫“别招惹她”

——写给与此类故事有关的已婚男士

全文都在对着未婚女生说话，貌似在劝她们小心提防你们，尽早离开你们。只出于一点——如果你们给不了她们想要的幸福。

但你们应该理解我的苦心。

别怪我。我不忍心看着她们陷入无果的恋情里不可自拔受伤害，也不想让她们事后沉沦在抱怨中纠缠不清而影响你们无辜的妻儿。

一位已婚男士说，多年前，他对一个女孩一见钟情，几年来，他一直默默地关注着这个女孩，从未表白。他也感觉得到女孩对他的欣赏，但他一直装作不知道，只是像兄长、知己一样关心她、鼓励她，帮助她寻找幸福。女孩永远都不会知道，他对她的爱有多深……

明知给不了她幸福，就别招惹她，换一种对她有益的方式交往——这是一种慈悲。

希望，你们有这种慈悲。

我为天下所有女生感谢慈悲的你们。

第四章

做一个温暖的女子

有一种女子，到哪里都受欢迎，她们犹如冬天的阳光，让人身心温暖舒适。

有一种女子，和什么人在一起都相处融洽，让人如沐春风，不由自主地想亲近她们。

有一种女子，说什么都中听，让人不由自主地打开心扉，与之交心。

她们身上有一种特别的“魔力”，吸引你不由自主地想靠近，想亲近。

为什么？

因为——她们有温暖力！

因为——她们让你感到温暖！

温暖力是心灵对心灵的感同身受，是温暖的回应，是体己的关照。

温暖力是一种力量——让自己的内心阳光、温暖、美好，心存感恩；让他人因为你而感受到温暖。

女人的幸福往往在于具备温暖力，或找到了一个有温暖力的男人。

女人的不幸往往在于跟了一个具备吸引力而不具备温暖力的人。

温暖的女子，是人人喜爱的阳光，是人人渴望的甘露，是他离不开的爱人。

亲爱的，在心底对自己说吧：从今天开始，我要做一个温暖的女子，懂得温暖自己，舍得温暖他人。

温暖，让爱靠近

有一种女子，到哪里都受欢迎，她们犹如冬天的阳光，让人身心温暖舒适。

有一种女子，和什么人在一起都相处融洽，让人如沐春风，不由自主地想亲近她们。

有一种女子，说什么都中听，让人不由自主地打开心扉，与之交心。

她们身上有一种特别的“魔力”，吸引你不由自主地想靠近，想亲近。

为什么？

因为——她们有温暖力！

因为——她们让你感到温暖！

温暖力是心灵对心灵的感同身受，是温暖的回应，是体己的关照。

温暖力是一种力量——让自己的内心阳光、温暖、美好，心存感恩；让他人因为你而感受到温暖。

我们内心脆弱，害怕孤独，没有安全感——是因为缺少温暖自己的力量。

我们做错了事，不懂得在反省之后原谅自己，沉陷于忏悔中而无法找回快乐的自己——是因为缺少温暖自己的力量。

我们受了伤，沉湎于伤害中不可自拔，不懂得自我救赎、自我修复、自我疗伤——是因为缺少温暖自己的力量。

不能不说，我们身上存在劣根性。

我们宽容客气地对待领导、老板、客户甚至陌生人，却苛责、挑剔身边人、重要的人。

我们如同欣赏偶像般欣赏成功的名人，却难以欣赏身边的人。

我们和陌生人交心，关注时装，关心明星八卦，却忽视身边人的喜怒哀乐。

我们因为怕失去而不敢走近，走近了又因为无所谓而忽视。

这是我们的悲哀。

因为——我们缺少温暖力，缺少温暖身边人的力量。

我们不谈大道理，不谈温暖所有人，我们只谈温暖生命中最重要的那个人。因为，当每个人温暖了自己，温暖了身边最重要的他，所有家庭自然都幸福美满，社会也会和谐。

我们在抱怨自己不开心、不幸福的同时，不如问自己一声：我温暖自己了吗？

我们在抱怨别人不够温暖自己的同时，不如问自己一声：我温暖他了吗？

有的女人长相普通，能力一般，却能让优秀的男人无法离开她，是因为她有温暖力。

具备吸引力的人不一定具备温暖力，但具备温暖力的人一定具备长久的吸引力。

女人的幸福往往在于具备温暖力，或找到了一个有温暖力的男人。

女人的不幸往往在于跟了一个具备吸引力而不具备温暖力的男人。

温暖的人会互相吸引。有温暖力的人可以影响别人具备温暖力。每个人都可以具备温暖力。

有温暖力的人一定知晓人性，知晓好歹，知晓距离。

知晓人性中的劣根性，知晓人性中的缺失和渴求，才能找到温暖的钥匙。

人性是什么？

人性是善良的，也是复杂的。复杂的人性背后，每个人都害怕孤独，每个人都渴望被认同，每个人都最在意自我。

人性是不珍惜已完全掌控的东西,人性是失去了才懂得珍惜。

人性是时间自然积累的感情,人性是久远了就腻味了,人性是爱的状态必定随着时间起伏。

人性是人人都脆弱,都孤独,都无奈,都焦虑。

人性是你可以成为你想成为的样子——亲爱的,你可以成为有温暖力的人。

知晓好歹是通往温暖的大门。

在这个复杂的人性世界里,要知晓分辨好坏、真假、深浅。一个人的精力有限,爱有限,温暖也有限。将有限的温暖,给值得温暖的人,才是真正温暖的人。

在众多追求者中辨别谁是真心实意对自己好的男人,透过外表辨别他是不是温暖的人。生活会慢慢告诉你:温暖力才是带给你幸福的根本。

知晓他人给你的温暖,接受,感恩并回应,才值得拥有温暖。

知晓距离是撬动温暖的支点。

距离无处不在——人和自然的距离,人和社会的距离,人和自身的距离,人和人的距离……

人因为距离而存在,而含蓄,而长久,而无怨言。

人与人之间的距离有两种:一种是社会距离,一种是亲密距离。

把两种关系全部处理好的人，只占两成，多数人只擅长其中一种。

人的心理要平衡。一个人社会距离处理得不好时，心中必然有憋屈、委屈、压抑，想在亲密距离上得到释放。

要把社会距离处理得好，需要做的是适应自己在社会中的各种角色。亲密距离才是最难处理、最微妙的距离。

自助者，天助之。

当你完全放弃自己的时候，别指望天上掉下一个童话故事中的白马王子救你于水火。

当你懒于解决自己的问题时，别指望偶像剧中的男一号跑到现实生活中来解决你的问题。

当你整天郁郁寡欢无法让自己开心起来时，别指望别人能给予你快乐。

你现在得不到的东西别指望婚姻可以给你，现在苛求的东西别指望充斥着柴米油盐的生活可以给你。

你自己给不了自己的东西，他人也给不了你。即便暂时给了，你终究也会失去。

所以，在亲密距离里，更要修炼好温暖力——成为你想成为的人，拥有你想拥有的幸福。

温暖力涉及情感的深度、丰盈的内心、推己及人的情怀等。在亲密关系里，做一个有温暖力的人，需要修炼九种能力。

一、欣赏力—— 懂得欣赏爱人的普通与平凡。

我们是普通人，普通的我们面对的也是普通的爱人。普通人更渴望得到欣赏，尤其是身边这个你最在意的人对你的欣赏。面对普通的他，我们要挖掘他的长处、闪光点、独特的一面，然后真切、毫无保留地表达对他的欣赏、赞美。

“老公，你在我心中是最棒的男人……”

“老公，好喜欢你的幽默……”

“老公，好喜欢你看书时的样子……”

“老公，结婚前我可没想到你不仅工作那么能干，做菜还这么好吃……”

亲爱的，别说他没有令你欣赏之处，只要你用心，一定能找到。他感受到你的欣赏后，会更加努力做好自己。

二、交心力——与人产生心心相印的能力。

亲爱的，你有多久没有和人谈谈心了？当你遇到心仪的男子，你会通过交心来拉近与他的距离，让他向你敞开心扉，感觉你就是他的知己，和他心心相印吗？

人的一生都在寻找知己。每个男人都希望娶一个知已般的妻子。你会和枕边的他倾心相谈吗？再好的感情也需要每隔一段时间谈谈心。尤其是，当他脆弱、难过的时候，一次温暖的谈心对加强夫妻感情有极其重要的作用！

三、回应力—— 一切的温暖在于恰当的回应。

幸福要回应，爱要回应。如何温暖地回应？当他向你展示对温暖的渴求时，你适时地给他温暖了吗？当他毫无保留地温暖你时，你回应他的温暖了吗？

这是真实的人性渴求，亲爱的，但愿你不要让他到别的女人那儿找寻温暖啊！

四、影响力——让关系按照自己需要的方式行进的能力。

世上有两种人：一种是被人影响的人，一种是影响别人的人。女人要想把握幸福，让你和他的关系按照你自己希望的模式发展，一定要有影响力。

如果，外面的世界，由男人征服，那么，女人只需要征服男人。这种征服，更是一种影响力。女人天性如水，水是最柔软的，也是最有力量的。

遇见喜欢的男子，影响他，让他爱上你。

有了想结婚的对象，影响他，让他娶你。

在婚姻里，影响他，引导他成长为你想要的好老公。

影响，无处不在。四两拨千斤的力量，亲爱的，你要有啊！

五、反省力——反思自己在处理关系过程中的顽固和错误模式的能力。

很多恋情和婚姻以失败告终，是因为关系当中的人不懂得反省自身，固执地坚持性格中的缺陷和行为上的错误。

一个有灵性的女人，必定善于反省、反思、觉悟，吸取教训，总结经验，改掉缺点，改正错误。

只有不断反思自我，才能不断提升自我。

亲爱的，越是敢于反省、修缮自己的人，离幸福越近。

六、谦卑力——一切重要关系的达成，都需要谦卑。

谦卑，不是卑微，而是一种不卑不亢的自信，是一种示弱得宠的智慧。

时代造就了越来越多强势的女人，在工作上强势，在恋爱、婚姻中也强势。其实没有男人真正喜欢强势的女人。男人天性喜欢保护弱势的女人，聪明的女人即使再能干、再强大也要善于在心爱的人面前示弱。

七、表达力——我们总是说得太少，而不是太多。

在情感世界里，“沉默是金”只会阻隔彼此的心和感情。世上没有什么比感情更需要表达的了！而且要深入地表达，强力地表达！

记忆中刻骨铭心的，是他第一次向你深情表白，是他求婚时对你说的令你感动的话，是他在你伤心哭泣时的温暖安慰……

女人需要男人对自己表达爱，表达情感，男人同样需要女人这样。

八、情感力——你多久没哭过了？你会为他人的不幸哭泣吗？

温暖的人一定能够对别人的处境感同身受，推己及人。温暖的人一定不会让人觉得“站着说话不腰疼”。

当他敞开心扉展示脆弱和难过，诉说不幸遭遇时，你动容了吗？你流泪了吗？

亲爱的，别让心坚硬得像石头一样。柔软的心，悲悯的心，善良的心——是最美好的心，能消融他的一切烦忧。

九、行动力——最终，行动胜过一切。

万语千言，说到底，如果没有及时行动，做出温暖的事情来，再动听的话语也是苍白无力的。

温暖的行动是最温暖的语言。

温暖的女子，是人人喜爱的阳光，是人人渴望的甘露，是他离不开的爱人。

亲爱的，在心底对自己说吧：从今天开始，我要做一个温暖的女子，懂得温暖自己，舍得温暖他人。

昵称，给他一世温暖的疼爱

中国有句古话，叫作“赐子千金，不如授子一艺；授子一艺，不如赐子好名”。中国人讲究起名字，因为《易经》中说名字与人的命运相关。且不说名字与命运究竟有多大关联，但有一点是肯定的：爱人之间怎么称呼，与一生的婚姻幸福指数有密切关联。我们的名字在出生时就由长辈起好，没有选择的机会，但每个人都有机会为爱人起一个温暖、亲密的昵称。

一个会经营感情、婚姻的女人应当是一个起昵称的高手，一个聪明的女人应当善于用温暖的昵称软化他的心。

你们之间如何称呼？有时候，一个称呼能决定彼此之间的距离。初相识，女孩子因为保持矜持不能太主动，如果想拉近和他的距离，只需给他一个特别的称呼。这个称呼可能在你们以后的交往中一直延续下来，所以，一开始就要定位好。如何起昵称，因人而异，没有固定法则，但这个昵称一定得是他喜欢听到的。从心理学角度来说,起昵称可以根据他的性格来找到一些规律,当然,还要取决于你希望和他之间是什么样的格局。

一般来说,为人兄长的,沉稳、有担当、喜欢做“老大”的男人,喜欢小女人,偏向于喜欢你称他为“×哥哥”,就像古灵精怪的黄蓉总是俏皮地将“靖哥哥”挂在嘴巴上,让憨厚的郭靖喜欢她的俏皮,包容她的任性。叫“×哥哥”可以激起他的保护欲和担当感。

一些童真外露的人,心里还藏着一个没长大的小孩,不妨从他的名字中取一个好听的字,叠起来叫,他就能感受到你对他的疼爱和亲昵。

起昵称的方法不拘一格,只要稍用点心,就能为两个人拟出特定的昵称来,不管是大众化的“宝贝”还是损人的“猪猪”,都是情感的黏合剂。最重要的是,要不断地喊,尤其要在闹了不愉快想和好的时候喊。有时,千言万语的辩解都抵不上一句温暖的昵称能瞬间融化他的心。

除了为他起昵称,也要争取自己想要的昵称。不是每个男人都解风情,起的昵称未必是你喜欢的。尤其是木讷老实的人不善言辞,如果不希望他在二人世界里一本正经,如果嫌他对你的称呼太刻板正式,不如俏皮一点,给自己起个喜欢的昵称,暗示他叫。女人应是灵动的,如水一般应万变。别不好意思哦,这是在为自己“谋福利”。别小看了这“福利”，表面上看只是个称呼，但从心理学角度来说，称呼能深入影响潜意识。

你希望得到他什么样的关爱，就先从昵称上暗示他吧。

两人结婚后，昵称大多也随之升级为“老公”“老婆”。但仍有无数夫妻，从来不在二人世界里这样叫，最没有技术含量的莫过于彼此都叫对方的全名。

有个女性朋友结婚半年了，每次和老公吵完架来我家诉苦，我都听到她毫无感情色彩地呼他的全名。问她为什么还没改口，她说虽然结婚这么久了，但从来不好意思叫他老公。我说，你真傻，该叫的你不叫，不叫活该自己受罪。

后来，她很感激我的劝告，顺口就把“老公”挂在嘴边，连吵架都少了。旁人听到他们亲昵的称呼，也在恩爱的氛围中感受到他们婚姻的幸福美好。

结婚前我称先生为“骆骆”。他向我求婚时我故意问：以后我叫你“骆骆”还是“老公”呢？一开始他装作毫不在意地说：随便，“老公”又不好听。我觉得既然打算嫁给他了，就应该让他从此担当起一个家庭男主人的责任。于是，从打了结婚证筹备婚礼开始，我就试着改口叫他“老公”。刚开始我叫得也别扭，带着羞涩，他听了也觉得不好意思。叫了一小段时间，我越叫越顺口了，还能变换着音调、语气喊，他也越来越喜爱我这么叫了。

有一次，我们在一个人很多的旅游景点被挤散了，我在高处，看见他在远处的人群中焦急地张望寻我。因为人多挤不过去，我就急呼“老公——老公——”。人声鼎沸，我的声音低柔，他在人群中竟然马上听见了我的呼喊，蓦然回首，与我的目光相碰的刹那，他满脸的幸福让我瞬间体会到：昵称之中饱含着多么深厚的情感啊！

虽然，这世上夫妻之间大都互称“老婆”“老公”，然而每个人心中的“老婆”“老公”都是独一无二的爱。同样的称呼维系着不同的情感，因而可以在千万人之中识出生命中的他/她，于万千情缘中找寻到属于自己的那份爱。

如果偶尔我生气了不理他，他就来哄我：是老公错了，宝宝别生气了好不好？老公做饭给你吃……

在日常生活中，他也习惯在我面前以“老公”自称，可见在心底他是以这个称谓为荣的。

在社交场所，我会向人介绍说：这是我先生。如此称呼，是希望他要担当起“先生”的责任，激励他不断长进、有作为。就如他在正式场合称我为“夫人”，在外的尊重和二人世界里的亲昵都是生活中必不可少的。

每个女人都喜欢被捧在手心里的感觉，我尤其渴望。所以，认识至今，从一开始的引导到如今形成习惯，他一直叫我我最喜欢的称呼“宝宝”。说得有私心一点，他这样呼唤我时，潜意识里会弱化我在外人面前“知心姐姐”的一面，强化在他面前小女人的柔弱娇俏，方便我随心所欲地撒娇呢，呵呵。亲爱的，你懂的。

无论什么样的女人，只要能让爱人感受到温馨的，就是有温暖力的女人。给他一个温暖的昵称，是每个女人都能做到的，也是获得温暖力的最基本的修炼。疼爱他，从为他起一个温暖的昵称开始吧。

眼泪，在他面前怎样挥洒

每个女人都有流泪哭泣的时候，然而，不是每个女人都懂得，在他面前该如何哭。

当生硬的言语刺伤彼此，如何用泪水消除俩人之间的摩擦？当他怒火中烧时，如何用泪水瞬间将其融化？当用其他方式无法沟通时，如何用泪水营造柔软深入的沟通氛围？当俩人之间吵到剑拔弩张时，如何用泪水将他刚硬的心化为绕指柔？

三个闺中密友携各自的老公、男友一起出游，其中一对已在幸福的婚姻里，另外两对还在恋爱中。白天大家都玩得很开心。返程途上，已婚的女子充满期待地问闺密们的男友：哎，你们什么时候结婚？好想快点喝你们的喜酒。

此话一出，刚才还聊得热火朝天的几个人突然沉默起来，大家都停止了说话，车里的气氛非常紧张、尴尬、僵硬。

闺密A为了打破僵局，开玩笑似的向男友撒娇：求求你喽，快点娶我吧！

男友只好应声：快了啊，我们会加油的。

闺密B的男友话到嘴边又咽回去了。B见此情形，故意说：要嫁给谁还不一定呢，我还没想好。

这两个闺密的男友性格各不一样：前者不是第一次承诺要结婚了，但一直没有下文；后者沉稳理性，不轻易承诺，一旦承诺就兑现。婚姻毕竟是一辈子的事，对于女人而言要考虑再三，对于男人来说，同样也有各种顾虑，做出结婚的决定也需要勇气和动力。深知闺密们盼着结婚的女子问这话是故意刺激两位男士，想试探他们的反应。

可以说，截止到这一刻，两位男士都还没有下定决心结婚。只是前者表现得更好一点。

本来挨着男友坐的闺密B与男友拉开了距离，脸色愠怒，不再说话。显然，她生气了。

下车后，B独自往前走，让长发遮住半边脸，背对着男友。回家时，出电梯门的瞬间，他看见她噙着泪水，楚楚动人。他知道他刚才的表现令她失望了、伤心了。

进了家门，她坐在沙发上，泪水再也控制不住哗哗地流了下来，柔弱的肩膀颤抖着。他把她拥在怀里，为她擦拭，开始心疼、自责。她越哭越伤心，从无声地流泪到压抑地哽咽。他安慰她，她开始用哽咽的声音说话，说突然觉得自己好不孝，昨天病重的妈妈问起她的终身大事怎么样了，她为了安慰妈妈，只能用善意的谎言回答说快了……

说到伤心处，她控制不住放声痛哭。他从来没有看到过平日坚强的她如此脆弱，哭得如此伤心。他知道妈妈是她最亲的人，他知道她很孝顺。听着她的苦衷、她的难处、她的自责，他越发心疼，责怪自己为什么面对这么好的女孩还犹豫不决，为什么不早点给她一个温暖的家。

她柔弱无力地倒在他怀里哭诉平时压抑在心里不好说的话，不但没有抱怨他迟迟没下决心结婚，反而要他不要为难，不用顾及她的感受。如果为了完成妈妈的心愿，她可以选择别的追求者结婚，只要他幸福就好……

他这才知道，原来她一个人心里承受了那么大的压力和辛苦，而她对他又是多么理解和宽容。他发现原来自己内心是多么爱她，没下定决心向她求婚只是顾虑到自己经济条件还不够好怕她受苦。但她说她看重的是他的人，经济方面暂时不如意不重要，相信以他的能力能创造他们以后美好的生活……

平时，这些话在任何情境下都不方便摊开说，说起来显得刻意，显得矫情。而在这样的情境下自然而然地说出来，伴随着泪水，她说出了自己的难处，表达了自己的良苦用心，也打消了对方的顾虑……真实、感人、深刻……

在那一刻，他再也不想因为犹豫而失去这么好的姑娘了，不想再让她伤心、哭泣，只想好好让她依靠，呵护、疼爱她！第二天，他就向她求婚了……

而那位在车上承诺了的男孩至今还没和 A 结婚。每次 A 提到结婚的事，男友仍然借故拖延，她不像 B 那样柔软，宁愿发脾气也不哭出来。

从这个真实的故事中，我们可以领悟到：眼泪是上天赐予女人的专属的武器，要善于用泪水示弱，善于在泪水中表达心中所想。很可能，泪水带来的是意想不到的惊喜呢。

有时，眼泪是万能的，但如果控制不好，也会带来反作用。所以，在他面前如何哭，是一门微妙的学问。

为什么有些女人的哭泣让男人更加心烦、暴躁？因为，在不该哭的时候哭了，在不该哭的场合哭了。

你可以在男人不理你的时候流泪，可以在他生气的时候流泪，可以在他强硬的时候流泪，但不能在他烦躁的时候毫无节制地哭——这时候哭，只会让他更加心烦意乱。这时候他需要的是静下心来，需要你给予他温柔抚慰，而不是用哭的方式让他来安慰你。

男人要面子，如果你在众人面前因为他做得不好而用哭控诉他的不是，他会感到特别没面子，甚至会觉得自己无用。这是场合不对。哭更是二人世界里的事情，除非在众人面前被他感动得哭了。

在他面前哭，不是要发泄不满、表达抱怨，而是表达难过、无助、柔弱，以及沟通内心的真实想法，博得他的怜爱、体谅。如果他做错了事，抱怨、怒骂反而会消减他内心的负疚感。你的泪水，是他反省自我的最佳良药。

不要轻易在他面前哭，哭多了就成了林妹妹。要哭，就要择时、择事而哭。要哭，就要达到你想要的效果。有时，哪怕你很想哭了，也要避开，不让他看见。眼泪，只是偶尔一用的杀手锏，是在其他什么招都不管用的情况下不得不用的招。

无声的流泪、隐忍压抑的哽咽、号啕大哭、痛哭，都是要看情况来的，滥哭无用。

如果你想在一个男人面前示弱，让他看到你柔软脆弱的一面，最好的办法就是找个合适的时机哭一哭。

如果你想走近一个男人，拉近你们之间的距离，就要善于在与你有距离的男人面前掉眼泪，拉近彼此心灵的距离。

哭，真是一门艺术啊！

恩爱，从巧说话开始

采访夫妻之间为什么吵架，十有八九说没大事，就是为了鸡毛蒜皮的小事。夫妻之间拌嘴小吵小闹很正常，但为什么有的夫妻吵了架还是很恩爱，而有的夫妻会为鸡毛蒜皮的小事吵得鸡犬不宁呢？

吵架的“吵”字离不开“口”，祸从“口”出。

区别在于俩人吵架时，你是如何说话的。

有个女性朋友很“骄傲”地说：我老公说我口才太好了，怎么吵都争不过我！每次我都要说得他哑口无言，哈哈……

然后她绘声绘色地举例吵架时如何对老公含沙射影、冷嘲热讽。

我问她现在和老公感情怎么样了，她瞬间变得垂头丧气：我们的婚姻名存实亡，同在一个屋檐下，分房睡两年了，他从来不抱我……

男人怎么会想抱一个浑身是利刺的女人呢？更别说和一个专戳自

己痛处的女人亲热了。

人与人之间最大的悲哀是：把最恶毒、最伤人、最刁钻刻薄的面孔和话语像扔垃圾一样扔给了身边最亲近的爱人，而把和善、笑容、理解、尊重献给了陌生人。他/她是你的爱人，是你生命中最重要的人，你更应该温暖他/她、理解他/她、包容他/她。伤害他/她，一定会被反作用力伤害到自己。祸从口出，所以营造温暖恩爱的语言环境至关重要，养成良好的沟通习惯对于增进感情非常重要。

星云大师说，如果有一天，当你跟爱人发生争执，你就让他赢，他又能赢到什么？所谓的输，你又输掉了什么？这个赢跟输，只是字面上的意思罢了，我们大部分的生命都浪费在语言的纠葛中。其实，争执在很多时候并没有分出任何输赢，却让你失去了很多本应珍惜的感情。

是啊，有时候，你赢了吵架，却输掉了爱人。如果早知道是这样的后果，你愿意怎样权衡、选择呢？

两个人相处不是一场辩论赛，彼此更不是辩论双方，很多事情是无法用道理来解释的。

每个男人都有天生的保护欲，不要打击、压制他的天性，哪怕他暂时远不如你期待的好。当你指责他无能时，等于戳穿了他内心最敏感的自尊心。各家有各家的幸与不幸，当你拿别人的老公和他比较时，如同你在别人的老婆面前自惭形秽，何尝不是在贬低、折磨自己！

男人的自尊心和面子观念天生比女人强，不要和他去争面子。他的面子也是你的面子。给他面子,也是在给你面子;维护他的自尊心,也是在维护你的形象。

你以为他心里不知道自己愧对你吗?你以为他不想让你过得更好吗?只是有些话他不会说出来。如果你是个聪明的女人,留口德,多鼓励他,相信他,他心有感恩,会努力去回报你。可是你一旦戳破,他不仅没有了愧疚感,你的话反而会引发他产生破罐子破摔的心理。

唇枪舌剑还不如一声示弱的娇嗔,正襟危坐地谈判还不如吊着他的脖子撒娇。聪明的女人一生中最重要的角色是做老公的“身心灵导师”:你期望他如何对你好,希望他成为什么样的人,都有待于你用耐心、温暖、智慧去鼓励他、引导他。

每个女人内心都具有猫的本性,当你抱怨她不讲理、不体贴、不温柔时,她会更加蛮横地回击你。不如停止抱怨,抱抱她,叫她亲昵的名字,哄哄她,她会超乎你想象地快速恢复她温顺的本性。

其实女人在乎的并不是钱,她即使有时把钱挂在嘴边,也只是希望激励你努力,实际上更是想用激将法让你努力打拼,成就自己。只是你没有听懂她的弦外之音。

很多女人不是没有能力创造社会价值和你比翼双飞,而是为了顾及、成全你的事业和对孩子的培养而放弃了自己的事业,身为老公,更应该在言语上肯定、感谢她的付出。

为了避免说气话伤害对方,夫妻双方的“语言约定”非常重要。比如,吵架时绝不能说这些话:“我要离婚”“离就离”“这日子过不下去了”“你太无能了”“你真像个泼妇”“我真后悔嫁给了你” ……类似这样的话,是往对方的心上钉钉子,最终伤害的其实是自己。再气急败坏,也要管住自己的嘴。

在恩爱甜蜜的语言环境中,亲昵的称呼非常重要。请把冰冷的“你”换成“老公 / 老婆”或彼此亲昵的称呼,可以参考这些通用的公式填空说话:

“我们家老公 / 老婆……”

“老公 / 老婆,我很喜欢你……的样子……”

“老公 / 老婆,你真棒,我为你骄傲……”

“老公 / 老婆,你真好……”

“老公 / 老婆,我很希望……”

“老公 / 老婆,有你真好……”

“老公 / 老婆,你做得真好……”

“老公 / 老婆,我相信你……”

“老公 / 老婆,别急 / 别担心,有我在呢……”

男人也有“生理期”

众所周知,大部分女人每个月都会受到生理期不适的困扰。那几天,身体内的激素处于特殊的状态,加上身体不舒服,容易情绪波动,心情抑郁,烦躁不安,脆弱多愁,甚至乱发脾气。所以,当女人无缘无故发脾气的时候,莫名其妙脆弱爱哭的时候,男人知道是女人的生理期到了。

其实男人也有生理期。只是,男人的生理期不容易被察觉,男人也只会在最亲近的人面前呈现这种不佳的状态。

在毫无缘由的情况之下,他突然沉默寡言,情绪低落,焦虑,不耐烦,生闷气,易怒。如果你问他怎么了,他说,没什么。你以为他对你有什么不满意,想和他深入沟通,他说,真的没什么。他似乎不愿意沟通。

我采访了一些男士,他们都有类似的现象。

男人不像女人，可以想哭就哭，想撒娇就撒娇，鸡毛蒜皮的事情也可以向闺中密友倾诉。女人发泄情绪、舒缓压力、化解心结的方式远比男人要多。

男人的生理期不是因为激素变化导致，而是平时的压力、烦心事、憋屈等都积压在一块，集中爆发所致。

男人的生理期没有规律，没有固定周期，不一定每个月都有。有时候就一会儿，有时候持续好几天。

男人生理期来的时候，也会和女人一样，表现出坐立不安的状态。坐立不安是男人内心焦躁的表现，他也不知道自己为了什么而烦躁，可就是控制不了自己。

你会发现不需要任何明显理由，心爱的男人每隔一段时间就会突然疏远自己。他好像很冷淡，甚至不愿意跟你说话，总是躲在一边，或者看书，或者看电视。当你努力接近他时，他的反应会令人难以接受。

平时的他细心呵护你，不让你受半点委屈，不让你掉半滴眼泪。可是，这个时期他变了，他时不时地发火，或为一些莫名其妙的小事忧心忡忡。

男人处于生理期的时候心中会有浇不灭的火，一点鸡毛蒜皮的小事就能成为导火索，点燃他心中的熊熊大火，令他怒发冲冠。

这个时候他们会很郁闷，可能会借酒消愁。因为当男人心里不痛快的时候，他们要么找三五知己一起外出喝酒，要么自己一个人独自抽闷烟，发呆，还时不时长长地叹气。

处在生理期的男人，不了解自己，更难以了解别人，也不知道自己要做什么才好。所以这个时候不要让他拿主意，不要让他做选择，更不要让他做决定。让他消停一会儿吧。

当你身边的他生理期来临时，不要试图和他沟通，尽量不要去打扰他，少在他面前晃悠，让他一个人静一静，给他自由，让他游离在你的关注之外。过了那几天，他就会自己恢复到平时的状态。

当我问被采访的男士：

“这个时期，你希望身边的她怎么做呢？”

回答大同小异：

“让我感受到温暖，这个时候的我最需要温暖了。”

“把我当小孩子一样对待，别和我争吵赌气。”

“不用管我，让我一个人静一静就好。”

“别招惹我生气，我怕控制不住情绪。”

“多理解我、宽容我一点，别和我计较就好了。”

……

如何让你喜欢的人娶你为妻

的确，对于当下的未婚男女来说，幸福没那么容易，结婚没那么容易，相处没那么容易。

在芸芸众生中遇到一个你想跟他谈婚论嫁的男人，如何让他爱上你，离不开你呢？

问世间情为何物，只不过是一物降一物！

相遇相识的两个人，在交往之初，感情未稳定之前，其实进行着一场爱的博弈，看谁能降得住谁。男人和女人人性中都隐藏着“贱性”，只是，在爱的世界里，男人的“贱性”更明显。

对于左挑右选迟迟未婚的优秀的单身汉来说，恋爱也谈了不少，可仍然没有下定决心结婚。当他遇到你，你如何让他不再徘徊，不再顾虑，不再犹豫，下定决心娶你为妻呢？

在他还没有想明白要娶你为妻之前，两个人如果遇到问题或阻碍，考验彼此的情感，考验这份姻缘，你该怎么办?

芸儿和青年才俊李天是被好友们羡慕的一对幸福夫妻，李天对芸儿宠爱有加。而其实，他们结婚前也“好事多磨”，经历了一段考验彼此的过程。

刚认识的那几个月，两个人相互欣赏、喜欢，性格也很合拍，彼此都觉得找到了生命中的那个人。

当李天正准备向芸儿求婚时，他的前女友突然从国外回来了！他和前女友曾深爱过，但聚少离多，因为前女友为了发展事业回国遥遥无期而分手。前女友得知他要向另一个女孩求婚，极不甘心，为他放弃事业赶回来要和他结婚。

这突如其来的变化让优柔寡断的李天陷入困惑、纠结之中：一个是曾经爱过因为客观原因而分手，如今为了他舍弃事业回国的；一个是如今爱着正打算结婚的。

前女友千方百计极力挽回他，纠缠他，一副誓不放弃的架势。换上有些男人遇到这样的事，也许不会纠结，直接选择和现在爱的结婚。但每个人在情感上都有弱点和软肋，当局者迷，李天觉得这是非常为难、令他痛苦的选择。

前女友的主动和芸儿的矜持让他看不清自己的心，于是他选择两边都逃避，想等自己想明白了再做决定。

芸儿身边不乏优秀的追求者，但李天是她遇到的最想嫁的人。刚开始，身边的好友觉得她太矜持了，在这个时候应该多主动争取他。芸儿因为怕失去，所以很在乎他的态度，原本洒脱的芸儿感觉失去了自我，结果，越是主动联系他，他越是逃避。

后来，芸儿放下了，不再主动联系，不再过问，仿佛恢复到单身时的状态，该干什么干什么，开心自在。

春节时，原本期待和李天一起回老家的芸儿，毅然决定独自去海南旅游过年。度假的十天时间里，她仿佛从人间消失了似的，停发微信，手机打不通，发信息无回音。李天恍然大悟：其实自己是那么害怕失去芸儿！自己对前女友早已没有了爱，只是因为性格优柔寡断，对前女友为自己舍弃事业感到愧疚而已！他意识到了自己的优柔寡断可能会使自己失去最爱的芸儿！

明心见性的他豁然开朗！他立即跑到海南，想尽办法找到了芸儿，在浪漫的海边向她求婚……才有了后来的幸福恩爱。

“芸儿，你原谅了我那段时间的优柔寡断，我会用一辈子的时间来回报你……”

芸儿的“好事多磨”告诉我们：幸福没那么容易，感情没那么简单，结婚没那么顺利。

芸儿的经历告诉我们：在爱的世界里，能掌控自己的情感，做最好的自己，始终不失去自我，才能赢得幸福。

男人娶一个女人需要很多理由，不娶只需要一个理由。

当他还举棋不定时，主动，不一定能争取到他。他喜欢你最初的矜持，如果你为了他失去了原本的风格，变得不是最初的你，他反而不习惯。

在男女交往之初，感情尚未稳定前，女孩子还是要矜持一点、淡定一点。

男人如果喜欢你，自然会主动追求你。

男人如果想和你结婚，不需要你争取。

你不拒绝，已是在给他机会。这个时期无须你太热情、太主动。不然，可能会适得其反哦。

最淡定的女人，没事从来不给男人发短信、打电话。如果问我是怎么想的，我会说："他若不忙，就会和我联系。他若正忙，我打扰他干什么？他若不忙也不和我联系，那我联系他干什么呢？女人是水，你用零度待我，我即刻成冰。你用一百度爱我，我才会立即沸腾。你用五十度对我，我便不冷不热。"

恨嫁的女孩好不容易遇上想嫁的对象，因为害怕失去，所以小心翼翼，患得患失。而有句话说得极好：是你的真命天子谁也抢不走，被别人抢走了的就不是你的真命天子。

亲爱的，别慌，别怕！

亲爱的，放下心来，静下心来。

你越洒脱，他越紧张。你越是放得下，他越是放不下。

与其试图努力去掌控别人的情感和恋情的发展，还不如做好自己。

其实你只需要做好自己。

当你做好自己了，你想要的人，自然会来找你；你想嫁的人，自然会想明白来娶你。错过的，就不是你的姻缘。

反正等了这么多年，不急着这一时半会儿结婚了。给自己一点时间，给对方一点时间。一辈子还长着呢。

有时，感情就是这样："山重水复疑无路，柳暗花明又一村。"百转千回之后，峰回路转……

男人的哪些话，女人不要当真

有句话说：“男人用眼睛恋爱，女人用耳朵恋爱。”说明女人容易把男人的话当真，不仅在恋爱中，在面对还没有确定恋爱关系的追求者时，也容易当真。

男人有说的权利，女人有选择性听的权利，有不当真的权利。

男人的哪些话，女人可以权且听之，但不要当真，不要放在心里呢？

一种是本身就不靠谱的男人欺骗你的话。另一种是男人虽然是认真许下的，但因为人性的自私、爱的自私、人生的无常等因素而无法兑现的承诺。

每个女人都喜欢礼物，礼物意味着惊喜。而有些男人正是利用女人的这一心理，以礼物为诱饵，接近、控制女人。聪明的女人会自己努力购买心爱之物，不会因为礼物而被男人掌控。

永远不要把男人口口声声喊着要送你礼物但从来没付诸行动的话放在心上。而且，这样的男人连做朋友的资格都没有，因为他没有诚信可言。

一个女孩说：“我曾碰到过一个人，还是在讲台上冠冕堂皇被无数人尊崇的知名讲师，说喜欢我。我从一开始就反感他，没理会他。可笑的是，他以为送礼物就可以打动我，一会儿在 QQ 上留言说过几天去法国，一定要带个新款的 Channel（香奈儿）包送我；一会儿说下个月去哪里哪里旅游，一定要买块那里的好玉送给我；一会儿又说我生日那天要寄个新款 iPad（一种平板电脑）给我……每次说完，都没有下文，而且脸皮厚到似乎完全忘记上次的承诺了。他在我眼里，就像一个小丑，自导自演，我只是淡然一笑。后来，我把这个人拖进了 QQ 黑名单……”

做得漂亮！

女人对待厌恶的人，有权利做得绝情。

很多女人一直活在男人的承诺里。

“宝贝，等以后我有钱了，我给你买宝马……”

“宝贝，我会永远爱你，非你不娶……”

“宝贝，先把孩子打了，等我们条件好一点，我们就马上结婚生孩子……”

“宝贝，我这一辈子只会爱你一个人，没有你我活不下去……”

“宝贝，再等我两年，我挣到了买房子的钱就回来和你结婚……”

“宝贝，我会一直无私地爱着你，不求回报地爱你……”

……

男人的承诺或许也是真心的，只是，谁能知道以后会怎么样呢？生活只有当下！珍惜每一个当下！

当两人分手，看到曾经山盟海誓的他和另一个女人结婚生子，拥有曾设想的生活，有的女人心生抱怨：当时，你不是答应过我的吗？怎么能辜负我？

其实不是他辜负你，人生本来就是如此——无常地变化着。生活是一段一段的，一直在前行，只是女人还活在男人过去给的承诺里。

当他还拥有你时，或者还希望拥有你时，他的承诺是真心实意的。而爱本身就是自私的，是有欲有求的。当你不再属于他，甚至已和另一个男人在一起了，还能奢望他无欲无求地对你好，继续爱你吗？

有女孩来信说，和一个已婚男人谈了两年的恋爱，她相信他是爱她的，是真心想离婚娶她的，所以一直等着他。最近，男人哭着说事业特别不顺，跌入谷底，怕耽误她，怕给不了她想要的生活……一万个对不起，无奈，忏悔……最后说，他会永远爱她，要她别等他离婚了。等他事业发展起来了，他一定给她买个大房子补偿她，装修成她喜欢的风格，摆上她喜欢的家具，只要她愿意，两个人还可以继续……女孩问：该不该相信他的承诺？

真是当局者迷啊！女孩啊，相不相信，有什么区别呢？稍清醒一点的人都会明白，这不存在相不相信的问题。如果你渴望他所承诺的房子，即便将来他真的送你了，可是，你没听明白吗？他的意思是，他送你房子，你继续做他的情人！

一所情人送的房子和一个幸福美满的家庭，孰轻孰重？聪明的你，一想就明白了。不要心存贪念，不要抱有侥幸心理了！要想幸福，有且只有唯一的选择——赶紧离开他，整理好心情继续前行，寻找能给你名分给你家的男人，对以前的承诺一笑而过！

有的女人侥幸地希望，一手白玫瑰，一手红玫瑰。和适合结婚的人结婚，同时继续享受昔日恋人的爱。如果他是有责任、有原则、有分寸的男人，就不会在彼此的婚姻外暧昧，因为这样做势必影响彼此的家庭。如果他是没有责任、没有原则、没有分寸的男人，那更危险了，更担不起破坏你的家庭的责任！

其实，不把男人的这些话当真，也是祛除自己内心的贪恋！

——这世上没有不求回报的男女之爱。

懂得把握幸福的女人不会贪恋不属于自己的东西，不会有不切实际的幻想。做个实在的女子，面对现实，珍惜当下，珍惜用行动爱你的男人，且行且珍惜！

什么才是女人生生不息的资本

俗话说:“留得青山在,不怕没柴烧。”每个人都知道这句话,而对于女人而言,它的深意值得我们细细琢磨,深入领会。

女人的一生中,恋爱、结婚、生子、相夫、教子……在不同的人生阶段要承担不同的责任,倾尽心力。在每个阶段,稍不注意,就会受到伤害,甚至迷失自我,更是忽略了爱自己。

要长久幸福,女人得有资本。

做女人难,做一个有资本的女人难上加难。那么什么才是女人生生不息的资本呢?

出身、家境、背景、事业?健康、长相、皮肤、身材?心态、心境、获得幸福的能力?

这三组关键词都是变化的,随着时间、境遇的变化而变化,而三者之间又有必然的关联。在无常人生中，我们无法选择出身，逃避不了年龄增长带来的变化。然而，亲爱的，身为女人，我们必须很清楚地知道，有些资本是要倾心尽力守护好的。

这个年代，其实没有几个男人会长期爱像林黛玉一般体弱多病的女子，可见，身体健康是爱自己与享受被爱的头等大事。

无论如何，我们是相对来说幸福的一代人，有更好的条件拥有健康的身体。只是，亲爱的，你会不会细心爱护自己？

女孩子身体有些小毛病，如果及时看医生，也许可以很容易治好，但如果不加重视，迷迷糊糊地拖着，也许就会变成老毛病。记得有一段时间我皮肤上长了一小块褐色斑块，吓得我不敢问别人，生怕得了什么怪病，后来还是鼓足勇气去看了医生。医生化验了一下说是汗斑，给我开了一支软膏抹了几天就好了！

在我们的印象中，总觉得医院人好多，排队挂号挤，看病做检查好麻烦！想一想就不想去了。其实，为了让自己和家人安心，麻烦一点算什么呢？

亲爱的，你知道女人在哪些关键时刻要特别爱护好身体，在哪些时期一定不能逞强而要放下一切照顾好自己吗？

例假期间。有的女孩痛经，月经来临时如临大敌，严重影响生活、工作。有的女孩月经不规律，导致后来不孕不育。其实这关系到一辈子的健康，一定要想办法治疗。

有的母亲担心女儿痛经，特意找到名医开了中药，命令女儿放下工作请假几天回家吃药调养身体。这是母亲深切的爱，做女儿的应该配合，接受这份爱。

小产之后。不得不痛心地说，很多女孩在恋爱中不会爱护自己，不小心怀孕了，草草地做人流手术，术后也不听医生嘱咐。甚至那时候使她怀孕的人已逃离，家人也不知情，无法照顾她，自己不懂那几天要休养好，甚至逞强马上工作，乱吃冰冷的食物。很多女孩结婚后不孕不育或容易流产，就是因为在这个时期没有爱护好自己。

亲爱的，如果你自己都不看重自己，就别奢望那个使你怀孕的男人会为你长远的健康着想照顾好你！只有自己足够重视自己、爱自己了，才有可能得到他的重视和关爱。

怀孕期间。无论亲爱的你是女强人、女汉子还是糊涂虫，当你肚子里有了小生命，要明白这个时期最重要的是——母子健康平安。贪玩、工作上逞强、坏毛病……通通都要为宝宝改变。因为，妈妈不健康，就不能保证宝宝健康；因为，如果妈妈都不能爱护好宝宝，那么还奢望谁来爱护宝宝呢！

十月怀胎正是调理女人身体的好时机。没宝宝之前，身体缺某些元素或有小问题的，正好通过孕期检查发现，遵照医生嘱托改善，可以把身体调养得更健康。

工作太忙顾不上身体？这是一个不负责任的准妈妈的想法，工作再重要，也没有母子健康平安重要啊！

坐月子期间。家里的老人一定会告诉你，如果月子没坐好，以后可能会落下各种痛和妇科顽疾。

这是真的。女人坐月子是最难熬的一个月，刚承受完分娩的痛苦，紧接着要辛苦喂养宝宝，睡不好，吃没什么味道的月子餐，需要注意的事项一大堆，真的很不容易。但这是准妈妈升级为妈妈必经的历练，再难熬也就一个月。所以，该注意的事项一定要注意，不要落下病根哟！

亲爱的，健康是美丽的基础，这不是空喊口号，是实实在在最重要啊！这个年代，不要学林黛玉，身心健康是女人幸福生活的资本。

说到心灵的健康，人与人之间千差万别。心灵最大的财富是什么？是强大的内心、阳光向上的心境和幸福的能力。

新时代给新女性带来了新的压力，要长久幸福，的确不再单纯地靠只做贤妻良母或事业有成就能保证，还要兼顾家庭和事业，保持各种关系的平衡，甚至还要防范小三，几乎要成为超人了。不仅要爱孩子爱家人，还要爱自己；不仅要让家人快乐幸福，还要让自己快乐幸福。

靠父母？靠老公？亲爱的，如果自己都靠不住，就别奢望靠其他任何人！只有自己可靠了，其他人才靠得住。记得啊，别怕经历挫折、困苦、打击，因为正好可以趁机历练强大的内心，对无常不再畏惧。

一个女孩诉苦说，因为自己不能自然怀孕，只能做试管婴儿，移植之前要做很多麻烦的检查，老公有点不耐烦，不乐意陪同检查。她觉得老公应该像闺密的老公一样对老婆无微不至，一比较心里就很不平衡，对老公怨声载道，自己也嫌麻烦想放弃生宝宝了。

有个女孩遇到了同样的事情，她很坚强独立地面对“备孕”中各种麻烦，还要忍受婆婆的施压，但她挺过来了，成功受孕，老公和家人皆大欢喜。这才是值得我们称赞的女子，能在特殊时期咬牙坚强面对，坚定信念，达到想要的目标！

亲爱的，遇上类似的麻烦事，与其抱怨，要求老公如何做，还不如自己先坚强一点面对。不是每个男人都有耐心陪老婆做妇科检查，这是女人的私事，他不掺和也罢，不能因为老公不够体贴、不愿陪同就放弃当妈妈的权利啊！

婚姻生活中，还有很多事情，是不能依赖老公帮你做的，或许独自面对更好。只有当你内心强大了，别人的力量才能锦上添花，即便没有“花”，你也是一块受人喜爱的“锦”。

有女孩抱怨最近身心状态不佳，老公对自己冷淡。我看到的是一个像祥林嫂一般的怨妇，也难怪老公想逃避她。我说亲爱的，抱怨他有用吗？强求他有意义吗？其实男人很现实，即便是自己的枕边人，当你变得消极低迷，他也想逃离你。谁都喜欢亲近健康快乐的女子，吸收正能量。有时候，别奢望他来开导你快乐起来。当你笑靥如花，他自然就亲近你了。

是的，你若盛开，清风自来。

幸福是一种能力。一个人的时候，将一个人的日子过得幸福，当有了爱人和家庭，才能让他们幸福。一个人的时候积累了幸福的能力，以后嫁给谁都可以幸福。

无常的人生中，不管遇到什么事，爱护好身心的资本，生生不息，幸福久久。留得青山在，不怕没柴烧！何惧，何忧！

第五章

在亲密关系里修行

佛家说，最难的修行，不是在深山独处，与人世隔绝；不是在禅坐中，掉入某个境界。最难的修行，在亲密关系里。

生活从来不是童话，红尘中的每个人都逃避不了亲密关系里的修行。让自己日益宽厚、圆融、淡定，让身边的人因自己而欢喜，是我们一辈子的修行。

在情感世界里，最不应该放在心上的是男人的承诺，最值得珍惜的是一个男人对你真真切切的好。再惊天动地的山盟海誓都抵不上不离不弃的陪伴相守，再刻骨铭心的爱恋都不如柴米油盐平实的幸福。只有自己脚踏实地了，才能找到真切的幸福；只有自己变实在了，才能找到实在的人；只有自己看透了这些婚姻中的真谛，才能找到合适的人步入婚姻。

最难的修行，在亲密关系里

佛家说，最难的修行，不是在深山独处，与人世隔绝；不是在禅坐中，掉入某个境界。最难的修行，在亲密关系里。

的确，一个人，无论在外人面前如何“高大上”，在亲密关系里，都难免呈现出最懒散、随意、任性、恶劣的一面。

有的人对外人热情、温和、宽容，对自己的父母、兄弟姐妹、爱人却冷漠、暴躁、苛刻。

有的人和陌生人都相处得融洽，就是和自己的父母、兄弟姐妹、爱人相处不来。

有的人成天喊着大爱助学、助贫、助残……却和手足因为蝇头小利而不和。

有的人把爱心和孝顺挂在嘴上，却置自己需要关心、照顾的父母于不顾。

有的人有结识的好兄弟好姐妹，却总是和亲生的兄弟姐妹争吵。

有的人在外面传道授业备受尊崇，却教不好自己的孩子。

有的人很有异性缘，却做不好人家的老公 / 老婆。

有的人在外面影响无数人，却影响不了家里人。

……

每个人内心都住着一个小恶魔。在外人面前，小恶魔被压制在心底，而当面对亲近的人时，呈现的是最放松、最真实的自我，小恶魔就容易跑出来捣蛋，伤害亲近的人，最终也伤害自己。

世间的关系，总是由亲近而开始，以淡漠而结束。

心和心的距离，在一个呼吸间变幻莫测。

近和远，都产生于一个念头的力量。

在诸多关系里，亲密关系最难解脱！

因为我们是因爱来到这个世界，最终也因爱最难解脱！

因爱存在，所以有了关心、照顾、分担、包容、帮助……

也因爱存在，所以有了抱怨、占有、要求、伤害、排斥、淡漠……

世界上最近的距离、最远的距离，都是因爱产生！

大宝法王说，我们在亲密关系里，就如同背影和正面，你只能猜测正面是怎样，并不知道正面的真相！但是我们经常习惯用猜测代替真实，所以会生出烦恼。想在关系里和谐相处，就必须打开自己的心，才能同时看见别人的心；满足自己的心，才能同时满足别人的心。

在亲密关系中发生冲突，只是因为他／她没有满足你的需要，不是因为他／她真的错了。他／她没有满足你的需要，其实是你也没有办法满足他／她的需要。你想要的不一样，不代表你是对的——这就是亲密关系的“果”。抱怨“果”是没用的，要去看那个“因”是怎么制造的。

坦诚说出自己心里所想，不活在猜测对方和对方的猜测里。

做自己愿意为对方做的，不要总是停留在嘴上和心里。

坦诚表达自己想要的，迁就和忍耐只是抑制烦恼，而不能减少烦恼。

夫妻、恋人之间，有隔阂，有误解，有矛盾，是因为彼此心里有隐瞒的秘密。如果希望对方对自己掏心掏肺，理解至关重要。

比如，和异性交往；比如，藏私房钱；比如，给父母钱；比如，个人隐私……同样一个事情，如果他说出来给你听，你不能理解，不能接受，可能会引发争吵甚至不和，以后类似的事情，他再也不敢说出口了。于是，他隐藏在心里，或者和别的能理解他的女人说。有些事情不是他不想对你坦陈，而是怕你不能理解他，不敢说而已。久而久之，他不敢和你说的事情越来越多，距离、隔阂越来越大，你怪他藏有秘密，其实这些也是你的不理解造成的。如果你对他说的多一些理解，多一些包容，他会觉得没有什么不能和你说的事，因为你都能理解他，不会大惊小怪，上纲上线。

原本，夫妻相处除了原则问题以外，其他都是鸡毛蒜皮的小事，不必太计较，不必太苛刻。让他轻松一点，自己也轻松一点。对他多些理解，他也会对你多些理解。

因为立场问题，因为“身在其中”，必然还有一些俩人之间无法沟通的事情，需要第三方来协调，促进理解。亲密关系中的智者，善于求助有智慧、有阅历、信得过的人，来帮助自己将亲密关系处理得更好。

当和亲密的人有了误会、隔阂、矛盾时，向彼此欣赏、信服的对象求助，或许一句话胜过俩人千言万语的沟通——每个人都需要他人的帮助，就连沟通大师在亲密关系里也有沟通不了的事情。善于求助，也是沟通中的重要能力啊！

相爱容易相处难。两个陌生人，从相识、相知、相爱到相处，必然要磨合。什么是“磨”呢？是磨掉各自身上伤害对方的棱角，拔掉身上的刺。既然是“磨”，在这个过程中肯定有点小伤小痛，但彼此都要勇敢面对。磨合过程中最重要的是包容，没有包容的磨合滋生出来的只有抱怨和无果而终。包容就要尽量少生对方的气，还要包容对方生你的气。只有包容了才能彼此轻松。

生活从来不是童话，红尘中的每个人都逃避不了亲密关系里的修行。让自己日益宽厚、圆融、淡定，让身边的人因自己而欢喜，是我们一辈子的修行啊！

低到尘埃里的爱情，能走多远

一位新婚不久的女性说老公要和她离婚。

他有过一段失败的婚姻，还有个孩子。结婚前，她主动追求他，对他百般迁就，万般温柔，倾其所有。吵架时，她没脾气，还主动求和；在经济上，她不嫌弃他远不如她，自己买衣服时为了二十块钱还要砍半天价，但舍得给他买名贵的手表；对于他的过去，她表示理解并接受，承诺结婚后对他的孩子如何好。

总之，婚前的她，失去了真实的自我，低到尘埃里地接受他的一切。

而这一切，都是为了打动他，想和他结婚。

终于如愿以偿结婚了，她也松了口气——终于可以做真实的自己了。

真实的她是大女人，小心眼，疑心重。

婚姻里要忍让、承受对方的一切缺点，当初说得轻巧，如今要做到好难啊！

结婚后的他不思进取，还和前妻纠缠不清，瞒着她打了不少的钱给前妻，那些钱是她辛苦挣来的。前妻也得寸进尺，带着孩子三天两头见他。

其实这些事情在婚前就发生过，那时的她为了结婚可以忍，以为结了婚就万事大吉了。

可是结婚后，这种状况不但没有改变，还变本加厉了。

恢复真性情的她不再迁就他，也无法容忍他和过去纠缠不清，于是吵架、冷战、赌气……他觉得她像变了个人。其实不是她变了，是她做回真实的自己了。他无法理解为什么婚前她能接受的事情如今却不能接受。其实不是婚前她能接受，而是当初她“装着”能接受。

如今，她陷入为难的境地，如果不离婚，就得继续像婚前那样容忍他的一切，她心里压抑、委屈、抱怨……但她一万个不情愿离婚……

很多女人主动追求喜欢的男人，不惜将自己低到尘埃里，百般迁就，把心都掏给了他。等到终于嫁给他了，才发现虽然如愿得到了他的人，却仍然得不到他的心、他的爱。

男人也想不通：为什么婚前你那么善解人意，对我言听计从，婚后就变了呢？

对他好的起点太高，日后要是低了下来，他当然接受不了落差。

一开始就把起点设得很高，后来没有台阶下，很容易摔得很惨的。

对他好，也要慢慢来。若不能成为夫妻，把对他的好留一点给能相伴相守的爱人吧。若有缘结为夫妻，一辈子还很长，还有大把岁月对他好呢。

亲爱的，结婚终究是为了多获得一份关爱和心疼，而不是多了一个同床异梦的伴侣。婚前要想长远一点，免得婚后悔不当初啊！

张爱玲和胡兰成刚认识时，胡兰成是她的忠实粉丝。她和胡兰成一见如故，在赠给他的照片背后写上：遇见你我变得很低很低，一直低到尘埃里去，但我的心是欢喜的。并且在那里开出一朵花来。

张爱玲那样的旷世才女，在爱的人面前变得如此卑微！只可惜，她一心爱着胡兰成，胡兰成却始终改不了滥情的天性，几度见异思迁。她的心里只有这一个男人，而这个男人的心里却装着几个女人！

这一段让她“低到尘埃里去”的爱情终是以遗憾告终。

旷世才女都免不了爱情不幸的悲哀，何况我们呢。

张小娴的话很经典：我只爱爱我的人，因为我不懂怎样去爱一个不爱我的人，是完全不知道从何着手。他爱你，什么都容易，他会来感动你。他不爱你，你多么努力去感动他，也是徒劳的。我爱不起不爱我的人，我的青春也爱不起。我的微笑，我的眼泪，我的深情，我年轻的日子只为我爱也爱我的那个人挥掷。

坚守自我的女子,似乎有点遗世而独立,坚信在茫茫人海中能找到爱自己本色的人。当确定他是爱自己的,再问自己爱不爱他。

爱就是这样自私。在爱的世界里,女人天生拥有比男人更自私的优势。

所以,亲爱的,别忘了你是女人,有资格清高,有资格矜持,有资格高傲。爱你的人,必定会接受你的这一切。不爱你的人,你又何苦为他把自己低到尘埃里呢?

某明星在老公出轨后说了一段很好的话:“如果我为你抹掉口红,脱掉高跟鞋,变成了为你洗衣做饭的老妈子,穿着随意,大笑时露牙生气时爆粗,挺着大肚子笨拙地做着饭菜等你回家,甚至上厕所不关门,拿出每次买菜砍价省下的钱去给你买烟买酒,不是因为我没有资本去和更好的男人过更好的日子,不是因为我淡泊名利,只是因为你珍惜我。如果因为没有了你初见我时的魅力,你选择不再珍惜我,我依然可以穿上高跟鞋,化上精致的妆容,重拾我的事业和光环,走出门被万人追捧瞩目。很简单,我可以惯着你,也可以换了你!”

这才是内心强大的女人!

你爱我的时候,我可以为你低到尘埃里;你不爱我的时候,我可以像女王一样不要你。

疑人不嫁,嫁人不疑

有位新婚不久的男士痛苦地说,他是个诚实可靠的男人,但妻子总是疑神疑鬼,成了他的“管家”:她有他微信、微博、QQ 的密码,每天登录进行监控;把他的电话簿中带有点女性色彩称呼的号码全部删除;把微信头像是漂亮女性的朋友全部拉进黑名单;一听到他接女性朋友的电话,就起疑心,事后询问跟他是什么关系;他去见异性客户,她也会跟踪……他活在她的监控中,俩人每天为这些事争吵不断,他想离婚,但有了孩子……

这是老生常谈的话题,是很多恋人、夫妻之间存在的问题。

有的女人说自己的男人不可信,必须小心提防、严加管制。

有的女人说自己和谁在一起都没有安全感,生怕别的女人会抢走他。

可见,导致这种情况的有两种人:一种是本身不可信的男人,和任何女人在一起都改不了本性；一种是本身没有安全感的女人，和任何男人在一起都无法信任他。

这听起来一种是男人的问题，一种是女人的问题。而我想说的是，女人无法改变不可信的男人，但可以选择不和不可信的男人在一起。我更想说，女人可以也必须改变自己。

女孩苏苏写信来跟我分享她的幸福。

几年前，她曾在来信中说，她本不是一个疑神疑鬼的女人，但她的确发现男友经常对她撒谎。久而久之，她也变得神经质，忍不住偷看他的手机，结果每次都很伤心——男友和多个女人有暧昧关系，背着她做了很多对不起她的事，当面却口口声声说好爱她，离不开她。她原谅他很多次，但他屡教不改，撒谎成性。她狠下心，彻底和他分手，远离他。当时，她几乎心痛得无法呼吸。但她明白，即使自己再怎么爱他，也不能嫁给他！

后来，她遇到了如今的先生。他宽厚、诚实。和他在一起，她感到很踏实，再也不用像以前那样提心吊胆。俩人过得很幸福。如今，她回想往事，庆幸当时狠心离开了那个不可信的男人，感谢现在的先生让她找回了美好的自己。

每个人心中都住着一个天使和一个魔鬼。有的男人让你心中的魔鬼跑出来，让你变得不在正常状态，连自己也不喜欢自己。有的男人让你心里只住着天使，激发你变得更加美好。

有句话说，“婚前睁大双眼，婚后睁一只眼闭一只眼。”亲爱的，结婚前，一定要睁大双眼看清楚他是什么样的人啊！

嫁人不疑，疑人不嫁！

可惜，很多女性在结婚前双眼并没有在意这个男人可不可信，只在乎他有没有魅力吸引自己。而善于撒谎的男人，一般都有张巧嘴，可以哄得女人心花怒放。他可以哄你，也可以哄别的女人。他能吸引你，也能吸引别的女人。

和一个不可信的男人在一起，就如同和一颗炸弹在一起，随时都担惊受怕。

所以，亲爱的，如果你不幸遇到了不可信的男人，不管你有多爱他，都要想长远一点啊！别等到结婚后再后悔。除了你自己，没有人能为你决定终身大事！幸与不幸，都由自己负责啊！

嫁人不疑。有的女性马上会高喊：那怎么行呢？我要是不小心一点，他背着我做对不起我的事情怎么办！

但是，这样做只会让自己不开心。

值得信任的男人，不需要你管。他有原则，有底线，有分寸，有责任心。爱他，信任他，尊重他，给他空间。他也会同样对待你。

女人不必管男人，管男人的女人说明女人在乎男人比男人在乎女人多，显示了女人的不自信。每个男人都喜欢妻子充满自信，而不是疑神疑鬼。

不值得信任的男人，你想管也管不住！即便你心细如发，侦察水平赛过007特工，也管不住他的心。只要他想撒谎，就一定有办法对付你的“监管”。

把宝贵的精力耗费在一个不值得信任的男人身上，侦察、揣测、周旋……值得吗？

女人以为知道真相心里才舒服，其实知道真相之后可能更加不舒服了。就如，当女人想挖出另一半和别的女人的情感隐私时，说“坦白从宽，我可以不追究”，而当他真的如实相告，有几个女人心里能坦然接受？有几个女人能做到不追究呢？

真相有多重要？有时候一点都不重要，自己过得开心才重要，幸福的家庭才重要。

幸福的婚姻需要的是简单的信任、聪明的糊涂，而不是敏感和精明。

信任的关键还在于你选择了什么样的男人。如果他值得信任，他自会有分寸，为你的信任负责；如果他不值得信任，你的管制、约束会促使他变本加厉。所以，亲爱的，婚前，睁大双眼看清楚他值不值得信任啊！疑人不嫁。婚后就睁一只眼闭一只眼吧！嫁人不疑。

对他好,不如吸引他对你好

常有女孩问类似的问题:

"怎样才能让他喜欢上我?"

"为什么我对他那么好却得不到他的爱?"

"为什么他追求我的时候那么好,而现在与之前判若两人?"

"男人都喜新厌旧吗?怎样才能让他对我的爱持久保鲜?"

……

女孩小清说,半年前和男友相识,男友对她一见钟情。感性的她为了他放弃了不错的工作,抛下一切来到他所在的城市生活。热恋的那段时间,她是沉浸于爱情里幸福甜蜜得不知所以的小女生。她满以为找到了可以疼她爱她一辈子的人。

然而好景不长,相爱容易相处难。男友的缺点也日益显露:非常大男子主义，又很小孩子气，控制欲极强，加上她在不熟悉的城市里找工作遇挫，工作条件不如原来，他开始挑剔，从当初对她的欣赏、赞美变成了每天的打击，从当初献殷勤变成了漠不关心。每次吵架他都说分手，每次都是她极力挽留，每次冷战都是她主动妥协求和。

她过得很压抑，很委屈，很不开心。她想不明白为什么当初那么热烈的爱很快就变成了这样——他对她既不关心，又舍不得为她花一分钱，还让她受气受打击。她想不明白自己到底图他什么！她后悔自己当初草率地放弃了不错的工作，远离了贴心的好友……

终于，她决定离开他，去找回曾经那个有魅力又快乐的自己……男友又像刚认识时那样讨好她，可她再也不会给他机会了……

以小清自身的条件，可以找到比男友更好的人，只是，恨嫁让她轻易接受了他。当初，男友因为她的吸引力而猛烈追求她；后来，当小清对他好到失去自我时，他反而开始不珍惜……

很多单纯善良的女孩像小清一样，在爱情里太感性，轻易接受相处时有点感觉的人的追求，全情投入，毫无保留。很多男人像她男友一样，有点犯贱，对他越好他越不珍惜。

很多时候，女人很快接受一个男人，不是因为喜欢他，而是喜欢被猛烈追求的感觉，爱上他追求的方式，爱上他中听又浪漫的赞美。

很多时候，女人离不开一个男人，不是因为他有多好，而是一种习惯，不想再改变。

很多时候，女人对一个男人好，不是因为有多爱他，而是不想再折腾。

毕竟，不管是孽缘还是姻缘，只要开始过，要结束时，心里终究是不舒服的。这也是很多女人明白恋情没结果还得过且过，明知对方不合适却还欲罢不能的原因！

在爱情里，女人要懂得男人的本性：对他好，不如吸引他对你好。男人永远只喜欢有吸引力的女人，而不是一味对他好的女人。

有的男人，在吸引他的女人面前，可以像匍匐在女王脚下的臣子，想尽办法献殷勤讨好她。而当她失去吸引力，就算把心掏给他，他也能把心冷漠地丢进垃圾桶。

有的男人，你把他当成织锦上的一朵花爱惜，他却把你当成一块抹布，想扔就扔。

有的男人，你对他越好，越纵容了他气焰嚣张。

男人可以惯坏女人，但女人不能惯坏男人。女人天生有资格被宠爱，男人天生应该宠爱女人。女人遇到娇惯、宠爱自己的男人，是幸福，是福气。而女人娇惯、宠爱男人，换来的很可能是祸害和毁灭！

男人对轻易追求到的女人不会珍惜；越是难以得到，越是付出更多，越是觉得珍贵。

聪明的女人应该明白，不是爱他就能得到他的爱，不是对他好就能得到他的好。讨好他，不如吸引他，让他来讨好你。

如何吸引他？有句话叫“人生若只如初见”，亲爱的，回想起初相识时，你是怎样的你啊！快乐，自信，有主见，有原则，有工作，有社交圈，有爱好。

而后来的你呢？因为爱，因为一个不合适的人，而变得不是自己了。对的人会让你变得更好，让你变得不开心、不自信的人不是对的人。

男人说现在的女人好现实，女人说现在的男人比女人还现实！

男人当然是现实的。

男人比女人理性，当然比女人还要现实啊！

稳定的工作、不错的收入、精致的外表、为人处世的能力……这些都属于现实的筹码，是吸引男人的资本。亲爱的，你有哪几样呢？与其愤愤不平地抱怨、指责男人的现实，不如把心思放在自己身上，改变自己，打造自己，让自己成为有资本的女人，无论遇到什么样的男人，都能吸引他们。于是，你就有了足够的资本挑选你中意的男人！

十月怀胎:做皇后还是冷宫妃子

俗话说,女人是一天的公主,十个月的皇后,一辈子的奴隶。这话不全对。

有的女人结婚前一直都是被男朋友捧在手心里的公主,而有的一辈子都不知道当公主是什么滋味。

做皇后的十个月,指的是怀胎十月,但不是每个女人都能当十个月的皇后。如果遇人不淑,不仅当不上皇后,还可能成为被打入冷宫的妃子。

身为人妇、人母,一辈子的操劳是在所难免的责任,不能说是一辈子的奴隶。

所以,这句俗话有失偏颇,过分强调了怀孕期间是皇后,而事实上,又有多少女人在十月怀胎期间真的能做皇后呢?

对于一个女人而言，没有任何时期比怀孕时更能看出她命好不好了。

谈恋爱的时候，两个人之间不用面对柴米油盐、人情世故等琐事，他宠爱你，容忍你，讨好你，再自然不过了。而当步入婚姻，尤其在有了身孕之后，女人的第二次命运才真正开始。

不管谈恋爱时多么像公主，怀孕的时候才能看出一个女人嫁的老公到底好不好，有多好。怀孕，让很多女人从公主晋级为皇后，也有很多女人，不仅没当上皇后，还直接被打入冷宫。

怀孕期间女人与女人之间享受的待遇真是天差地别。有个软件叫《孕期提醒》，上面可以记载各种孕妈的日记。

有的女人从怀孕开始什么都不做，不工作，不做家务，生活起居都由家人照顾，还能享受家人变着法儿烹饪的各种营养餐，准妈妈只需护理好自己，保持愉悦的心情照顾好腹中的宝宝就可以了。

而有的女人一边得承受强烈的孕期反应，一边得拖着疲惫的身子挤公交车上班、加班，中午吃盒饭，晚上回家还得为老公洗衣、做饭、整理家务。身体上的劳累是其次，最难承受的是老公常常不回家或晚归，不仅不体贴老婆，还把老婆当出气筒，毫无节制地吵架，让老婆受气、受委屈。更有甚者，在老婆身心最需要关怀的时期出轨了……

同样是准妈妈，际遇为何如此天差地别？有些差别是由家庭经济条件决定的,普通老百姓自然无法和富贵人家比生活条件。但更多的区别,与经济条件没有直接关系,而是取决于你嫁的是什么样的老公,以及你如何引导他成为一个好老公、好爸爸。

当然,极少有男人不为即将成为准爸爸而感到高兴。然而,绝大多数男人是不懂得怎样从老婆怀孕开始就做一个好准爸爸的,只有极少数男人一直能做到体贴入微,心思细腻,关怀备至。有的男人爱老婆,爱孩子,但更多的是停留在心意上和嘴巴上的爱,很难事无巨细地付诸行动。因为孩子带来的琐事万千,需要男人具有比面对老婆时更多的耐心和细心。

有句话说得很实在:一个男人不管有没有钱、帅不帅,只有有责任心、疼爱你才能让你幸福。所以,婚前的选择,是多么关键。

有一位已婚生子的女性来信倾诉她的苦闷:

曾经,因为父母催婚很急,恨不得只要对方是个男的我就能嫁。其实我的自身条件并不差,好朋友们都要我别急。但在父母的催促打击下我变得病急乱投医,草率之下原谅了曾经抛弃过、背叛过我的前男友,冲动之下和他打了结婚证。我以为结了婚他会变得对我好一点,没想到自从打了结婚证,他就一直在外地做生意,几个月才回来一次,从来没给我半点关心。我省吃俭用买了单位的房子,自己借钱装修,他从来不管事。我想离婚,他不同意。不久后我意外怀孕了，以为他会有所改变，结果我怀孕期间他没有寄过一分钱养家，半年才回来一次，两三个月才打一次电话，每次打电话都惹我生气，跟我吵架，气得我动了胎气，一直到生宝宝时还有点流血。生了女儿以后，我只好请妈妈帮我带孩子，自己上班挣钱养孩子。女儿像是我一个人的，他不闻不问，常年不联系不回家，还坚决不同意离婚，不给我开始新生活的机会。

我现在好后悔当初草率的选择啊，后悔在有孩子之前没有狠心离婚，以至于现在不仅像单亲妈妈一样艰难度日，还在他的威胁下没有重新选择的自由……

从类似的悲剧中，我们应该吸取前车之鉴：如果对婚姻对象选择不当，从此就真的成了“一辈子的奴隶”了！

除了少数一辈子也当不了好老公、好爸爸的男人和少数天生就有好老公、好爸爸潜质的男人以外，绝大部分男人是需要通过家庭生活引导其成为好老公、好爸爸的。而女人要做的，除了婚前睁大眼睛选好老公，还要用自己的智慧引导他从“无知”的单身汉成为好老公、好爸爸。

怀孕十月虽然貌似受到很多人的关注，但事实上，这是女人最孤独的时期。由于身体不适，对于很多工作、娱乐活动都只能量力而行。

好朋友们不在同一时间怀孕,各忙各的事情,难以像以往一样相聚。老公美其名曰在外面“挣奶粉钱”,很晚才回家或经常出差。冷不丁你就成了有史以来最孤独、最受冷落的人!

如果必须上班,如何顾及工作和养胎?如果不用上班,如何将无聊空闲的时光安排得充实自在?这些都是准妈妈要面对的现实问题。

女人在怀孕期间,由于受孕激素的影响,情绪、心境和平时“身不由己”地变得不一样,敏感脆弱、害怕孤独,甚至烦燥易怒、任性不讲理。这个时候,她们特别需要老公的呵护、包容。有的男人无法体谅女人在这个特殊时期的难处,和老婆争吵、冷战,甚至气得老婆离家出走。如何和老公深入沟通以得到理解?

老公一开始不能体会你的感受是很正常的,但应该在刚开始的吵架中磨合,让他很快懂得改进。有些话不方便亲自说,有些要求不方便亲自提,可以让在他面前有威信的人说,这样会让他信服。

“女人怀孕的时候,你就得把她当个不可理喻的小孩,都由着她吧。你嫂子那时候怀孕时比你老婆无理取闹多了。”

“我老婆怀孕的时候什么都不做,什么都由我来做,她的衣服都是我洗的,还经常深更半夜喊我满城给她找奇怪的吃的。相比之下,你老婆省心多了哟。”

“我是过来人,你嫂子我怀孕的时候啊,比你老婆娇气多了,你小子有这么体贴的老婆要好好珍惜啊!”

……

他听了过来人的这些话，在对比之后心里便释然了。

“既然大家都是这样的，那我就能理解并接受了。”——这是人的普遍心理，就看你会不会抓住这种心理让他领悟了。

男人就是这样，你把自己看得多重，他就把你看得多重。如果连你自己都在怀孕期间逞强，那么他也不会怜惜你，久而久之他也认为你真的可以那么强了。所以，不管他到底能给你多少关照，刚开始，你都要把自己看得重一点，怀孕的时候都不懂得借机娇气的女人，以后更难博得老公的呵护、怜惜了。怀孕时都不能影响老公，以后就很难“翻盘”了。

好老婆不是处处逞强事事揽到自己身上，即使再心疼老公也要舍得适当让他受苦、受累。只有让他身体力行，学会承担为人夫、为人父的责任了，你才有好日子过。

怀孕期间更加要让他多承担一些：学会给你做营养餐，买各种水果、蔬菜，陪你散步，陪你做产检，和你一起做胎教，一起为即将出生的宝宝做各方面的准备；还要体谅你波动的情绪，如果因为“挣奶粉钱”的原因日夜工作，就要安排家人照顾你的生活。

别以为他不懂怎么对你好，别把他想得那么笨，别拿“没办法”做无奈的借口，别怕麻烦他。即使你再强大，也要让他有担当，而且他担当的多少也和你“开发”的深度密切相关。

有娇妻，有爱子，所有承担和付出，也是他的幸福哦。

他不关心你，有时候是你纵容的；他对你好，有时候是你引导得来的。所以，怀胎十月“能不能”做皇后，先要看你“会不会”当皇后了。

婆媳相处：如何化“天敌”为盟友

亲爱的，纵然你对婆婆有万千不满，我们在这儿也不谈论——谈论婆婆的不是没有任何意义，对我们也没有任何好处。

事实上，我们没法换婆婆——除非你想换老公。

所以，还是面对现实吧，我们来谈谈如何和婆婆化“天敌”为盟友。

我们这一代人的婆婆，经历了社会的变革，基本上都是苦过来的。尤其是来自农村的婆婆，吃了更多的苦，一辈子省吃俭用，含辛茹苦抚养儿子长大成人，盼着儿子在城市里有立足之地，盼着儿子成家立业，盼着抱孙儿。

这是每对父母最朴素的心愿。

很多80后、90后的女孩一听要和婆婆相处，便如临大敌，一副誓死不答应的态度。原因是听已婚女性朋友说和婆婆如何相处不好，索性逃避相处。

佛法中有个词叫“分别心”。对婆婆，一开始就不能有分别心。

一开始就把妈妈和婆婆划分出界限，嘴里喊婆婆“妈妈”，心里并没有把婆婆视为自己的妈妈一般对待，又怎能和婆婆融洽相处呢？

对待妈妈，女儿舍得花钱。对待婆婆，总是抠着给，还生怕老公多给了。亲爱的，你是妈妈的女儿，他也是婆婆的儿子呢，同样有做子女应尽的孝心。聪明的女人，不用老公多说，轮不到老公背地里给婆婆钱，一定会同等对待婆婆和自己的妈妈，甚至多给婆婆钱。

妈妈见女儿不爱惜身体，说了女儿的不是，女儿不会放在心上，更不会记仇。而婆婆说了半句，儿媳心里就会特别介意，特别委屈，记在心里。亲爱的，妈妈是因为心疼而说你，婆婆说你何尝不是因为心疼你呢！

我在“孕妈帮”里看到很多90后媳妇因为婆婆不准自己在月子里洗澡而破口大骂，什么难听的话都骂得出来，甚至心生恨意！先不说婆婆说的到底对不对，至少出发点是为了儿媳好，不然，何必冒着被骂的风险说呢？如果婆婆不闻不问，漠不关心，那才是儿媳的可怜和悲哀呢。如果你认为婆婆的想法不一定对，可以像和妈妈沟通一样与婆婆沟通，而不是当面顶撞或背后痛骂。

妈妈给女儿带孩子，女儿心疼妈妈辛苦。而婆婆毫无怨言地做同样的事，儿媳却觉得理所当然，毫不心疼。婆婆是老公的妈妈，你也必须为老人家的身体健康着想呢。

古时说“媳妇熬成婆”，是因为婆婆地位比媳妇高，媳妇怕婆婆。如今反过来了，很多媳妇地位比婆婆高，婆婆怕媳妇。

怕什么呢？

怕城里的媳妇嫌弃自己是从农村来的“老土”，怕不会用家里的高档家电，怕和媳妇没话说尴尬，怕不会说普通话沟通有困难，怕媳妇不喜欢吃自己做的饭菜。

旧社会里，媳妇要等婆婆吃完饭才能上桌；如今，大多是婆婆带孩子，先让媳妇吃饭。

应该说，如今是媳妇的美好时代啊！

如今婆媳关系的矛盾，主要集中在带孩子的分歧上。

婆婆的到来，大多也是因为需要人照顾孩子。有两个媳妇各自说起婆婆带孩子的事情：

媳妇A的婆婆很能干，但比较强势、啰唆，A的老公和公公一直都顺着她，在公公家里，是婆婆当家做主。婆婆帮着带孩子，还是习惯了做主，有时候还忍不住说媳妇哪里哪里没做好。好在A性情温和，只要不是原则性的问题，她都让婆婆做主。婆婆不仅帮着带孩子，还包揽了所有家务。A只要洗洗碗就行，其余时间该上班上班，该见朋友见朋友，很自由。婆婆爱美，喜欢买衣服，A很会投其所好，时不时买新衣服犒劳辛苦带孩子的婆婆，婆婆很欢喜。所以，她们相处得很好，家庭也很幸福稳定。

B的性格和A相反，很强势，很能干，直性子，说话不拐弯，为了带孩子的事，和妈妈、婆婆都相处不来。她和A的区别在于：她如果觉得妈妈或婆婆带孩子的方法和她的不一致，就一定会用很直接的方式、责怪的语气说出来，让妈妈和婆婆心里都不舒服，和妈妈在一起时也吵架。老公在外地工作，于是，她一个人住，一个人带孩子，一个人买菜，一个人做菜……做什么都是一个人。她确实很能干，但个中辛苦自知！她整个人都被孩子和家务缠住脱不开身，没法像A一样轻松自由。

聪明的媳妇像A一样，但也有很多像B一样的媳妇，宁愿请保姆、月嫂带孩子，也不要婆婆带。当然，是可以花钱请人带，但再专业的月嫂也不可能有奶奶给孙儿的爱啊！

在带孩子的问题上，不只是婆婆和媳妇之间有分歧，大部分老人和年轻人之间都有分歧。

比如，宝宝穿多少衣服。老人家都一样，总担心宝宝穿少了感冒，年轻人就怕捂着宝宝。

比如，宝宝穿哪件衣服。老人家总是说宝宝还小，不用打扮，穿暖和了就行。年轻人爱美，觉得宝宝成套地穿衣更好看，舍得给宝宝买衣服。

比如，宝宝吃什么、如何吃。老人家说原来带孩子都是这样喂的，长得蛮好。而年轻人看到育儿书上的说法又不一样。

此时，我的婆婆正端着一份水果默默地放在我桌上。这时候的我刚生完宝宝两个月，为了我赶书稿，婆婆担当起了带宝宝的重任。若不是她老人家支持，我哪能如此安心创作呢！

我们相处得很融洽。在带孩子的事情上，我们也有类似的分歧。但只要不是影响宝宝成长的事情，我都会顺着她老人家。如果专业育儿人士的建议和婆婆的做法反差很大，我会用柔和又俏皮的方式“哄”老人家接受。大部分时候，我会让先生单独和老人家解释，老人家更容易接受儿子的建议。

老人家也舍不得花钱，嫌贵。我和先生统一战略——无论是给她买的衣物还是给宝宝买的用品，我们都把价格改成她能接受的。这是善意的谎言，却能让老人家安心接受。

儿媳和婆婆之间存在不同习惯、不同想法。有不同想法很正常，每对婆媳都有，只是，媳妇表达的方式方法不一样，婆婆的心理感受就不一样。这更是言语上的技巧。

其实，婆婆也是“老小孩”，要“哄”。

每个婆婆都有“软肋”，聪明的媳妇懂得投其所好。

言语上顺从一点，嘴巴甜一点。聪明的女人懂得示弱，懂得笼络婆婆的心，也善于引导老公做自己和婆婆之间的润滑剂。

男人的协调至关重要。聪明的男人会做母亲和妻子的思想工作，化解误会、矛盾、不满。

一位中年男士说，他遇到一个心仪的女子，很爱她，想和妻子离婚。他可以忘记妻子对他的好，但怎么也忘不了妻子对他的母亲的好。一想起妻子甜甜地叫他母亲“妈妈”的情景，他就泪流满面，最终不忍心离婚。

可见，在孝顺的男人心中，妻子和母亲的关系好坏直接关系到家庭的稳定与否！

聪明的女人懂得，善待婆婆就是善待老公、善待孩子、善待自己——婆婆回报给你的爱更多。

聪明的女人懂得，善待婆婆可以省很多心，勤劳的婆婆闲不住，做家务，带孩子，能干多少干多少。

聪明的女人懂得，善待婆婆，老公才能安心挣钱养家，老公会更爱孝顺的自己，家庭才会更和美、更幸福、更稳定。

这样吵架才不碍事

俗话说，相爱容易相处难。吵架拌嘴是婚姻中的常事，两个人之间小吵小闹在所难免。然而，吵架的结果千差万别。

有的情侣经历吵架的磨合，吵得越来越少，相处也越来越默契；而有的情侣之间越吵误会越多，隔阂越深，心越来越远。为何有如此大的差别呢？

会经营情感的人吵几句就懂得收敛情绪，给彼此台阶以及回旋的余地，不会任性倔强地闹僵，所以没有隔夜仇。而吵架真吵出大问题来的不是因为问题本身很大，而是双方都因性情使然，为芝麻小事闹得不可开交。其实，彼此之间都需要退一步，这样才会海阔天空啊。

我们不是圣人，每个人都有情绪不好的时候，坏情绪伤害身边的人，更伤害自己。只是，要学会如何及时控制，别让不好的情绪蔓延、影响太久。夫妻、恋人之间吵架，两个人的坏情绪最好不要延续到第二天。两个人的和解需要彼此配合，一个主动和解，另一个要给台阶下才好，别让倔强横在幸福之间左右你的情绪。情绪不好时，千万别急着把气话说出口，别做出冲动的事情。不妨一个人冷静一下或找知心的朋友倾诉化解一下。但一定要控制坏情绪殃及的范围和蔓延的时间。

有的男人宁愿娶不爱的女子，也不娶最爱的人为妻，是因为彼此印象太美好，他担心婚后的柴米油盐消磨了爱情，更担心吵架伤害彼此，破坏对方在自己心中完美的形象。于是，他宁愿选择放弃，而把美好的感觉封存在心里，和另一个女子在婚姻里相伴相争，相争相伴。

这是少数男人的担忧和选择，更多人会义无反顾地选择和爱的人结伴同行。这是更真切的爱。一万句“我爱你”不如一句“我们在一起”实在。相爱，相争；相争，仍然相爱。这才是真正的夫妻。

吵架时，最容易走入争论对错的死胡同。吵架时无法换位思考站在对方立场着想，谁都觉得自己是对的，都想说服对方接受自己的观点。即便明知道对方是对的，也碍于自尊心和面子羞于承认并接受。争论只会使吵架加剧，绝不会争出个所以然来。所以，停止争论，先闭上自己的嘴，他也会慢慢停下来。

吵架时，是无法沟通的。在那样的氛围中，满脑子的冲动，气急败坏，心里只有愤怒、急躁……无法像处于正常状态时那样思考，无法打开彼此的心，无法进行有效沟通，但问题仍然存在。所以，待事后心平气和时，要及时沟通，消除误解，解开心结，化解矛盾。

懂得经营感情的智者，一定懂得如何吵架。在充斥着柴米油盐的生活中，我们无法避免小吵小闹，只能有技巧地吵，减少吵架对感情的影响，降低吵架对彼此的伤害。

善于经营感情的人善于总结，找到吵架的规律，从而避免不必要的争吵，吵架时减轻伤害，吵架后很快和好。

亲爱的，要这样吵架才不碍事——

要没心没肺地吵。再懂事成熟的人，在吵架的时候也变成了赌气的小孩，说的都是气话，如果当真来听，心胸开阔的人也会被气个半死！千万别把他/她当大人，就当淘气的孩子在说气话吧，更别把他/她的话当金玉良言去琢磨、领会。就当没心没肺耍耍嘴皮子，调节一下平淡的生活，不较真，不放心上，吵了就吵了，一吵而过哦。

女友的老公什么都好，对她也体贴入微，唯一让她不适应的是——他有洁癖和强迫症，而她在生活中大大咧咧，不拘小节。他们从未为其他事情吵架，每次都是因为老公忍受不了她随意摆放物品，或搞卫生的清洁度不够他的标准。这本来是生活习惯问题，并没有对错，但对于有强迫症的他来说，就是忍不住要说她几句。如果碰上较真的妻子，两个人有吵不完的架。而女友性情如水，知道他习惯难改，如果压抑在心里会憋出病来，于是，她没心没肺地听着，任由他说出来，也懒得辩解，有时扮个鬼脸一笑而过。所以两个人很难吵起来。

如此心胸开阔、性情如水、懂得忍让化解的女子，幸福也会眷顾她呢。

不记仇，不翻旧账。亲爱的，你累不累啊，几年前陈芝麻烂谷子的事也翻出来痛诉，记性别那么好行吗?！好记性不需要用在吵架上！

不管上次吵得多凶，都不要累积到下次。每个人内心深处都有短处和伤痕，聪明的人不会揭爱人的短——除非你真心想伤害他/她。

有位男士说每次吵架时最痛苦的是——老婆总是把曾经最痛心的事翻出来痛诉他的不是，明明早已过去的事，却要一次又一次翻出来折磨他的心。

谁都不希望被翻旧账，你翻，他/她也翻，于是两个人进入吵架的恶性循环，吵无止境。亲爱的，忘记吧，忘记吧，多想想他/她的好吧——除非你不想让婚姻继续下去了。

不倔强，不较劲，给彼此台阶下。有的人，虽然长大了，但还像孩子般倔强；有的人，生性倔强，牛脾气。而其实，婚姻的成功不在于争赢了，而在于谦让了。是否倔强——是衡量一个人是否真正成熟懂事的标志之一。

有个女孩后悔地说，她从小被父母娇宠，和男朋友相处也改不了“公主病”，每次吵架，都是他主动求和，但她倔强不理人，有时候好几天都不理他。结果，好端端的一个结婚对象被她倔强的脾气赶跑了。

大凡吵架无大事，对于小事又何必较真！给对方台阶也是给自己台阶。当两个人恩爱如初时，你会觉得，吵架是生活中最不必较真的事了。

人与人之间相处最大的悲哀是：把最恶毒、最伤人、最刁钻刻薄的面孔和话语像扔垃圾一样扔给了身边最亲近的爱人，而把和善、笑容、理解、尊重献给了陌生人。他是你的爱人，是你生命中最重要的人，你更应该温暖他、理解他、包容他。伤害他，反作用力也会伤害到你自己。如果赢了吵架，却输掉了爱人，亲爱的，你希望这样吗？

把大白菜当玫瑰花才是极致的浪漫

我婚后首次接受媒体采访个人情感时，主持人问我：曾经，你给我们的感觉就像神仙姐姐一样，飘在空中不食人间烟火，如今这么快就找到了幸福，尘埃落定。可以和正在寻找幸福的女孩们分享一下心得吗？

我说：改变。抛弃不切实际的幻想，从神仙姐姐般的清高、虚幻、不接地气，落地到生活的柴米油盐中来。

我说的幻想，是指很多女性过度在意浪漫形式，以及对方是否以山盟海誓、甜言蜜语表达爱。

很多女性和曾经的我一样，天性浪漫，尤其在不懂事的年纪特别在乎浪漫的形式、浪漫的言语、浪漫的感觉。

很多时候，也源于偶像剧的误导，从而把偶像剧搬到生活中了：

“如果他追求我，一定要送花，送我喜欢的布娃娃；一见钟情式的表白才能说明我的魅力，无数次描绘见我的心动感觉，每天说有多爱我才能满足我对爱的渴求；情人节一定要特别浪漫，像电影里演的那样充满惊喜；在众人面前也要以我为中心，讨好我，我可以像公主一样高高在上……我们的爱情，一定要惊天动地、刻骨铭心……”

这样的期盼吸引来的大多是善于花言巧语地表达情感而不实在的男人，适合谈一小段时间的恋爱，满足“公主病”、虚荣心，却不适合结婚，实实在在一辈子过日子。

在这样的状态下，心里带着偏执，即使遇到真正合适的人，也会因为分辨不清而错过了。

姻缘就是如此神奇。我们在自己还没有修炼到适婚状态时，怎么也修不成正果。这也好，正是老天爷的保护，为的是，让我们自己领悟并修正内心不适婚的想法，再赐予真命天子，这比走进婚姻后经历挫败再领悟要好。

很多女性一想到婚姻里的柴米油盐就觉得好琐碎、好乏味、好无趣。可是，生活本身就是由柴米油盐组成的，连柴米油盐都不想面对的女人，男人如何将她娶回家做老婆？

婚姻需要的是稳定、平实、长久的幸福，不需要惊心动魄的折腾、华而不实的虚荣。

再漂亮的脸蛋也当不了饭吃，再横溢的才华也无法拿来取暖。男人娶妻，即使别的要求再多，最基本的需求肯定离不开回家能吃口热饭，喝杯热茶，加件温暖的衣裳，枕边有个知冷知热的人。

不想面对柴米油盐的人，说明还没有体会到平常生活的乐趣，还没有看清生活的本质，没有领悟到生活的真谛。

热爱生活，应该是从热爱柴米油盐开始的。否则，一切都飘浮在空中，不切实际。不切实际的人确实不适合走入婚姻。

所以，如果你真的想早日找到实在的人走入婚姻，自己应该先变得实在一点。

我的先生绝不是讲究形式上的浪漫的人，追求我的时候就没有刻意送过我鲜花，而总是去菜市场挑选我喜欢吃的菜做给我吃；他没有把爱挂在嘴边，但我能从他的一举一动里感受到实实在在的疼爱；情人节也没有刻意凑热闹带我出去吃烛光晚餐，而是亲手做顿好吃的。我从曾经对浪漫形式上的在乎转变成用心感受实实在在的爱。婚后我反而觉得他是个真正懂浪漫的人，只是他的浪漫是蕴藏在柴米油盐中的真心、品位和格调，而非表面上的刻意形式。

很多女性抱怨老公从来不过情人节。其实，只有缺失幸福和爱的人才会寄予太多期望在情人节上，总希望在这个一年一度特殊的日子里能收获如何的惊喜，憧憬如何的浪漫，然而往往越是奢望越是失望。当你拥有了稳定的幸福，情人节便不再特别。因为，平常日子远比节日多，平日的幸福更重要。所以，以平常心对待节日，不被节日牵绊心情才好。

在情感世界里，最不应该放在心上的是男人的承诺，最值得珍惜的是一个男人对你真真切切的好。再惊天动地的山盟海誓都抵不上不离不弃的陪伴相守，再刻骨铭心的爱恋都不如柴米油盐平实的幸福。要想找到长久的幸福，就要看透这些，要剔除内心虚幻的想法。只有自己脚踏实地了，才能找到真切的幸福；只有自己变实在了，才能找到实在的人；只有自己看透了这些婚姻中的真谛，才能找到合适的人步入婚姻。

每个人的浪漫方式不一样，对浪漫的定义和感受也不一样。真正的浪漫并不是形式，而是内心的感觉。两个幸福的人在一起，所做的一切事情都是浪漫的。相反，如果为了刻意追求形式上的浪漫，这样的浪漫就几乎成了“折腾”。真正的浪漫其实蕴藏在柴米油盐中。生活中从来不缺少浪漫的事，缺少的是感受浪漫的心。

浪漫不是一个人的事，不要将浪漫寄托在对方身上，更重要的是——如果对方是你认为不浪漫的人，那么渴望浪漫的你，要学会如何引导他制造浪漫。

冷浪漫中不乏冷幽默，在于你能不能领会。有时，“呆头呆脑”“木头”的样子也是一种可爱，“笨头笨脑”有时也是大智若愚。

一个家庭的浪漫气氛主要靠女主人来调剂。你要做的不是奢望他给你带来多少形式上的浪漫，因为真正务实过日子的好男人不会专注于研究浪漫的形式，而是创造好的生活条件。所以，你要做的是学会欣赏、感受他的冷浪漫，用小女人的天性引导他、感染他，久而久之，就会形成你们之间独有的浪漫方式。聪明的女人是浪漫的身心灵导师哦！

浪漫不是用来比较的，更不是用来作秀的，只是自己内心真实的感受。如果你渴望浪漫，那么，就用浪漫的眼睛、浪漫的心去发现、感受、制造浪漫吧。

当你每天看到水灵灵的大白菜，心情像初恋时看到娇艳的玫瑰花那样开心时，呵呵，恭喜你已经达到了浪漫的最高境界！

第六章

收获一生的幸福

机会属于有准备的人；幸福，也属于有准备的人呢。

人生中很多事情，不是不会降临，而是要选择最合适的时机。姻缘更是如此，天时、地利、人和，万事俱备了，该来的自然就来了。

在寻找幸福的道路上，只要自身很好，过程即使多些波折也无所谓，那只是为了让你等到真正懂得你的真命天子！这个过程考验信心和恒心，亲爱的，不要轻易放弃啊！要坚信：如果你本身已准备得很好了，就一定会有你想要的姻缘，如愿以偿地给你惊喜！

每个男人都喜欢亲近善良温暖、阳光向上的女子。做最好的自己，你就配得上最好的爱。

在人生道路上，我们宁愿多花点时间，沉住气，耐心一点，多等一等，多找一找，也不要因着急而选错了人。在遇到好的机会、对的人之前，上天需要考验我们的意志，只有经受得住这份考验，才值得拥有幸福。

“你相信吗／这个世界上／总有一双慧眼／会穿越芸芸众生／牵引着一生的期盼／缘定三生”……

父母催婚怎么办

可怜天下父母心。从古至今，没有父母不操心儿女的终身大事。而如今的父母的，更是面临着前所未有的压力和担心——女儿早已过了待嫁的年纪，还一直单身，貌似一点都不着急：抗拒父母安排的相亲，对父母觉得还不错的追求者不上心；一听到父母问起感情的事就回避，甚至不耐烦地顶嘴；谈了一次又一次恋爱，就是没个结果，不能让父母安心……

父母拿女儿实在没辙，看不懂女儿到底为什么还是不结婚，是女儿太挑剔了，还是不专情呢？……

我经常遇到很多父母背后悄悄地向我诉苦，无论女儿再优秀，只要还没有结婚，他们的心始终是悬着的。可怜的老人家还忍不住拜托我：

“麻烦你多给我女儿介绍好的男生认识，好吗？”

“麻烦你帮我多劝劝女儿早点结婚，好吗？”

“麻烦你帮忙指点一下我女儿早点嫁人，好吗？”

……

每每这个时候，我都会微笑着先答应他们，然后很有信心地对他们说：

“您女儿这么优秀，想娶她的人多着呢。您不要着急，她不是不想结婚，而是想为您找个好女婿，这样您才放心，对吧？再给她一点时间哦。”

“其实您女儿心里比谁都着急呢，只是她不想让您看到她急，让您担心她。她何尝不想快点找个好人嫁了呢？可是还没有遇到合适的人，不能随便嫁，对吧？您也希望女儿结婚能幸福，万一她随便嫁了，到时不幸福，您岂不是更担心她哟？”

“您女儿心里明白着呢，您就随她去找喜欢的人，别勉强她接受您觉得还不错的人，好吗？她喜欢了才能感到幸福呢。”

“您别急，别看她现在还没有给您带个人回来，但只要缘分到了，一切都会很快。结婚、生子，说不定明天就如您愿了哟！”

……

亲爱的，我当然能理解你的苦衷，你绝不像父母担心的那样，但父母不担心是不可能的，也没有父母不催嫁的。而越是逃避、敷衍、抗拒、顶撞，越是让父母担心啊！

那么，我们身为女儿，应该怎样和父母沟通，尽可能地打消他们的担心、顾虑，让他们不因为着急而逼迫我们做不想做的选择呢？怎样让父母放下心，多给我们一点时间选择好合适的人结婚呢？这样的话，我们也不至于因要给父母一个交代而慌乱地嫁错了人。

实际上，我知道，有时候是因为总碰不到合适的人，难免走弯路，甚至受了伤害也不敢对父母说，有苦难言。我们长大了，父母却在老去，我们应该勇敢地承担每段感情、每个选择的结果，对父母报喜不报忧，这是子女应有的孝心。

有父母唠叨多好啊，说明父母健在，还有能力为我们操心。当你嫌父母唠叨的时候，你会发现，有的女孩父母已不在人世，她们想听都听不到了。

在我小时候，我的妈妈就不在人世了，我心里一直羡慕别人家女儿有母亲唠叨。到了我待嫁的年纪，父亲心里自然也是非常着急的，加上他一直病重，更是特别担心等不到看见我结婚生子。但父亲特别理解我，知道我的孝心，知道我也在努力，所以，他不想再给我增添额外的压力，无论在电话里聊天，还是见面，他极少主动问起这个话题。但邻居和亲戚们会在背后告诉我，父亲心里有多渴盼我早日结婚生子，只是不和我说罢了。每每听到这些，我都忍不住自责，暗暗流泪。父亲不问，不唠叨，我心里更加自责。所以，我常常会主动地和父亲聊聊感情的事，说谁谁谁正追我呢，要父亲帮我参考，让他知道我一直在努力着呢，很快就会结婚，一结婚就生宝宝，让他老人家快点抱外孙……

即使还没有“饼”，我也要画个“饼”，让爸爸想象得到它是什么样子的。

亲爱的，如果你的父母明明心里有苦，却怕给你压力而隐忍在心里不说出来，你会更加有压力！所以，让父母尽情地唠叨出来吧，别让他们把焦虑和担心闷在心里，唠叨也是他们缓解焦虑的方式。

有亲人在耳边碎碎念，是多么幸福的事啊！亲爱的，我是真的羡慕你有这样的父母啊。

其实，只要我们在态度上主动、积极配合父母的唠叨，他们能理解我们的。如果他们没有充分理解，也是因为我们的沟通方式还不到位，言语上没有让父母理解、放心。他们担心什么，你就针对性地化解他们的担心，他们自然就不会老催促你了。

除了在态度上、言语上配合催嫁的父母，我们自己也要暗自下定决心，不是嘴巴上说说，而是要拿出真正的行动来，给自己积极、正面又具体的心理暗示。

我永远也忘不了2013年3月父亲生日那天，我还是一个人回去，父亲没有说什么。隔壁邻居家的小宝宝迈着蹒跚的小步来玩，父亲看到可爱的小宝宝，张开瘦弱的双手抱起小宝宝，忍不住说："看到这么可爱的小宝宝，怎么能不喜欢、不开心呢？……"

我永远也忘不了当时父亲脸上的表情：无比慈祥，无比喜爱，无比羡慕，无比盼望……

我马上转过身，躲到厨房里，不让父亲看到我奔涌而下的泪水。擦干眼泪，我认真地对父亲说：“爸爸，您放心，明年的生日，我一定让您当外公！”

爸爸半信半疑地说：“要是真能这样就太好喽！”

那一刻，虽然我还不确定自己的真命天子是谁，但我在心里告诉自己：一定要把终身大事当作头等大事对待，以最快的速度给爸爸带个女婿回来让他安心、开心，让他老人家早日抱着自己的外孙喜笑颜开，尽享天伦之乐。

姻缘就是如此神奇！就在一个多月以后，我带着我的他回老家了，告诉父亲我们第二天就要打结婚证了！父亲从来没有如此高兴过，我终于给父亲一个满意的交代了！

又一个月以后，我在电话里告诉父亲：爸爸，我怀宝宝了，预产期在您明年生日之前一个月！您明年生日的时候真的要当外公啦！

这是让爸爸最高兴的事了！而我，是真的兑现了两个多月前在父亲面前许下的诺言！

姻缘的神奇在于：一切像上天冥冥之中早已安排好，只待一个最合适的时机成全你的心愿；又像是——你真正下了决心，并给自己正面、积极、具体而形象的心理暗示，然后付诸行动，就真的如愿以偿了！

姻缘就像偶然中的必然，必然中的偶然。不管偶然还是必然，都少不了自己有坚定的决心，用心的行动。这也许正是对“七分靠人为，三分靠天意”最好的解释。

而人生，有太多无常变数，有太多遗憾。父亲在三个月以后病重离开了人世,和二十年前妈妈去世是同一天!出殡的日子也是在我的生日那天!距离我的婚礼只有十天了,父亲终是没有亲眼看到女儿婚礼的盛大场面……终是没能等到亲手抱着外孙过生日……爸爸走的最后一刻,我握着爸爸的手放在我肚子上,让爸爸抚摸着我腹中三个月的宝宝,爸爸带着满足而幸福的笑容离去……

虽然留有太多的遗憾,然而,如果我在父亲走的时候还没有结婚,还没有宝宝,那我真的要抱憾终生了……所以,我还是很感激上苍,让爸爸离开人世前知道了最开心的两件事:我结婚了,并有了宝宝。

我和宝宝是父亲生命的延续,我要为父亲好好地活下去,爱自己,爱宝宝。

亲爱的,我和你回忆起家事,是希望你能从我的经历中领悟到点什么。你现在明白我为什么那么羡慕你有父母碎碎念了吧。

你抱怨父母没有给你优越的出身,可有的人生下来连父母的面都没见到;你烦父母唠叨,可有的人永远也听不到父母的唠叨了;你哀叹父母生病带来的负担和压力,可有的人再也没机会关心、孝敬父母了……

所以,亲爱的,面对父母的催嫁,多一点耐心沟通,多一点积极响应,多一点行动落实吧!珍惜这份碎碎念,好好把握,早日找到幸福,为自己争口气,也为父母争口气哦!

亲爱的，你真的准备好谈婚论嫁了吗

恨嫁，的确是很多女性朋友最大的心病。

很多年纪不小的单身女性，成天喊着“我好想结婚了”，貌似“万事俱备，只欠东风”了。但是，请放下急于结婚的焦虑，静下心来，好好问问自己的内心：

亲爱的，你真的很想结婚了吗？你真的准备好面对婚姻了吗？

你急于结婚，也许是因为到了该结婚的年纪，担心年龄越大越不好嫁；或者，迫于家人催嫁的压力；或者，看到周围女友们一个个嫁人了，因而心里有了紧迫感；或者，实在忍受不了一个人的孤单了，渴盼有个人相依相伴……

有个每天喊着要结婚的女孩一边羡慕别人的幸福，一边不好意思地对我说：有时候我特别想结婚，但有时候，我心里特别害怕结婚，不想结婚。

我问她:害怕什么呢?

她说:害怕结婚了不能像单身时自由,害怕婚姻的束缚,害怕结婚后对方忍受不了自己的毛病,害怕婚姻生活太平淡乏味,害怕处理不好婆媳关系,害怕不会带小孩,害怕婚姻的变数……

因为害怕,所以,不想结婚。

这才是很多恨嫁女内心深处真实的顾虑。只是,有时候,自己都不知道隐藏着这样的“害怕”和“不想”。

这好比叶公好龙,天天盼着龙来,当龙真的来了却害怕了。

向往婚姻,是因为婚姻带来的好;害怕婚姻,是因为要承担婚姻中做妻子、做母亲、做晚辈的责任,还有,随之而来的各种不如意。

所以,姻缘迟迟不来,其实不是外在的原因,而是内心还没有真正准备好。这是一个渴婚的自己和另一个怯懦的自己做斗争的过程,只有一个自己战胜了另一个自己,统一心意了,才是表里如一的自己。

当你的心还没有真正准备好迎接婚姻的一切不如意时,即使嘴巴上说有多想结婚,而传递给周围人的,传递给“他”的,其实还是不想结婚、没准备好结婚的感觉。发送给地球的也是这样的信号。于是,再怎么折腾也修不成正果:求婚的是自己不乐意嫁的,自己想嫁的始终不求婚。

这年代,懵懵懂懂瞎撞中好姻缘的几率很低。姻缘,与其说是老天爷赐予的,还不如说是自己修来的。也只有自己修好了,才会有好的姻缘。

如何修？

首先是面对自己的内心。

回首我的心路历程，我发现，当我的心还没有达到适婚状态时，再多的追求者也没有一个合适的，等于没有。什么是适婚状态？也许自己会误把想结婚认为是适婚状态，其实没这么简单。

很多人年龄上适婚了，但心理上并没有达到适婚状态。

什么是适婚状态？

亲爱的，且不说能不能做到婚姻誓言中“无论贫穷还是富贵、疾病还是健康，你都愿意和他相依相伴，永不离弃”，以下这些，你准备好了吗？

你在努力改正自己那些会伤害爱人、影响婚姻的行为吗？一个人的时候做可以一些疯狂的、只顾自己的事情，但婚姻需要的是稳定，一旦结为夫妻，就要为对方着想，为家庭大局着想，得收敛你的任性妄为了。

你处理好过去的情感了吗？如果还和过去的人和事纠缠不清，如何接纳你的爱人和新生活？

你能接受目前经济条件并不如意的他吗？完美的“高富帅”只在偶像剧里，你愿意和平凡的他同甘共苦一起创造想要的生活吗？

你愿意从柴米油盐的琐碎中寻找平实的幸福快乐吗？

你知道他的坏毛病并能包容吗？你们吵过架了吗？结婚以后还会

吵，你能接受吗？

你明白一个妻子的责任并愿意去承担吗？你准备好面对婚姻的不如意了吗？

……

当然，未步入婚姻之前不可能把一切想得很明白，但，至少要有心理准备，不要等到今后遇到时再无法接受，无法面对。

当你想过这些并能以勇敢的心面对时，才达到了适婚的心理状态。

当你还没准备好时，姻缘也没准备好。

只有当你准备好时，姻缘才随时可能降临，也许真的就在下一秒哦！

机会属于有准备的人；幸福，也属于有准备的人呢。

亲爱的，别害怕，别担心太多，要敢于真实地面对自己的心，包容自己和他的不完美，用平常心面对生活中的如意和不如意。婚姻没那么可怕，船到桥头自然直，你可以应对，你可以做得好，你可以幸福下去……

你到底想要什么样的人

很多单身男女还没找到合适的人，是因为自己都不知道到底想要什么样的人，什么样的人适合自己，什么样的人完全不必考虑，什么样的人可以交往着试试看。

当自己都不知道的时候，老天爷只能随机分配缘分了。而随机的缘分大多是过眼云烟的缘分，甚至可能是孽缘。

其实这也是上天在不断提示你：经过这些人、这些事，你明白些了吗？

刚开始，没几个女孩会真正明白自己想寻找什么人，大多是懵懂地开始，或者，往往在经历过情感失败之后发现少不更事时想要的人根本不适合自己。即使起点都一样，但人与人之间的性格、觉悟力决定了后来能不能早日找到合适自己的人。

有些女性在情感道路上，总是遇到类似的人，总在同一个地方栽跟头。这不能怪别人，其实是自己不懂得吸取教训，从过去的失败情感中领悟，进而修正，所以屡屡受挫，折腾得遍体鳞伤才愿意回顾、反省、调整。

而有悟性的女性，绝不会在同一个地方跌倒。吃一堑，长一智。一段情感失败，首先是因为与选择的人有关，其次才与对感情的经营有关。不合适的人，即使再努力经营，也难以修成正果。

当我还是豆蔻年华时，我心里总认为，一定要找个比我大10岁以上的成熟男人，才能得到我想要的宠爱。那时候的我从来没考虑过同龄人，说得过分一点，面对同龄人单纯、痴情的追求，我总是高高在上，甚至有些不屑。后来我才明白这是多么幼稚的想法。很多女孩子有过和我同样的心路历程，经历了一些事才明白，男人的成熟不是年龄决定的，男人能不能给你宠爱和包容也不是年龄决定的。年轻甚至年龄比你小的男生同样也可以给你想要的这些——关键在于，不应以年龄来判断，而应该看他能不能给予你想要的。

如今，我的那一位虽然同是80后，但他非常宠爱我。有时候，我觉得他就像是我生命中的第二个“父亲”，填补了我失去了亲生父亲的空白。他把我当女儿一样宠着，我可以显露小女生的天性，尽情撒娇。

我一直向大家推荐《秘密》中写的“地球吸引力法则”，在这儿，我仍然向大家强烈推荐运用吸引力法则去寻找真命天子。或许你早知道了这个法则，也设想过未来理想中的他是什么样，但我敢肯定，你想得不够具体，不够细致，不够形象。

回想几年前我憧憬过他是什么样，我无数次闭上眼睛，脑海里出现的镜头是：他留着干净清爽的平头，身高175厘米左右，标准身型；他的脸上总是洋溢着微笑，他和我一样阳光……他在身后拥抱着我，我靠在他的怀里，望着前方，不用多说什么，他是懂我的，默契尽在其中……两人在一起的画面安宁祥和……

神奇的是，曾经设想过的场景，就是如今我们在一起的样子！

回顾、对比一下我曾设想的各种标准，如今的他符合80%，还有20%有出入。而这20%的出入中，有我不曾期待的方面，但也有超越我的期待的方面。也就是说，有不如意之处，但也有惊喜。

要想找到自己想要的人，首先，要明确你最在乎的几条标准，不因为在寻找过程中遇到不符合的追求者而动摇。排除，拒绝，继续寻找，直到找到大致符合的人，但一定不能苛求“完全符合”，这是不可能的。这世上没有十全十美的人和你配对，十全九美已是真正的完美。所以一定要剔除那些不切实际的幻想，坚持且包容地选择，忽略细枝末节、条条框框。

这好比，一棵树的主要枝干是支撑它生长的主要元素，只要主体符合即可，切不可苛求每片树叶的颜色和形状。

有些标准与标准之间是有冲突的，别奢望能并存。

比如，如果你在乎他的外貌，就别介意他的女人缘好，别的女人也“好色”啊。如果你在乎他的经济条件，就别苛求他时时陪着你，有钱又有闲的人落入你手中的概率很低。如果你想让他多在家陪你过安稳小日子，就别抱怨他给不了你大富大贵的生活，大富大贵和大起大落是对孪生姊妹。

所以，在权衡轻重之后，勇于坚持你想要的主要标准，也要舍得放弃不那么重要的条条框框。

所以，亲爱的姑娘，赶紧在心里设想他是什么样的人，设想和他在一起的感觉吧！

当你在设想的时候，就是向地球发出强烈的信号：我想要这样的人！请你让他快点和我相遇吧！

只有当你发出强烈而具体的信号时，想要的那个人才会收到信号，才能吸引你和他相遇，你也才能过滤掉不想要的“孽缘”和不合适的人，在感情上少走弯路。

这个世界很小，小到貌似全世界的未婚男士都是你的选择项。这个世界也很大，大到在这么大的世界里，你却遇不到一个你想要的人！

而在茫茫人海里唯一牵引着两人相识相牵的，就是身上有对方想要的。当一方发出强烈信号时，另一方有心灵感应而不断靠近，最终相互吸引，走到一起。

若干年后,你回首时,你会发现一切都是那么神奇。这就是缘分的奇妙之处。而前提是——你要知道自己想要什么样的人,要知道吸引他到你的生命中来啊!

你值得拥有幸福吗

我们身边有少数令人羡慕的幸福情侣，但更多的是还没有找到幸福的单身人士和生活在不幸中的情侣。

幸福不会无缘无故降临到谁头上。有的人一辈子都难以幸福，有的人的幸福即使来得晚，但终究会得到。幸福，只是来临得早晚的问题。

为什么？

不是命好不好，而是自身的修炼决定的。

亲爱的你，值得拥有幸福吗？有幸福的资本吗？

绝大多数人，即使暂时没有找到幸福，也能将一个人的日子过好，同时修炼爱与幸福的能力。只要找到对的人，就能幸福下去。而有种人，无论遇到什么人，都很难长久幸福——其实是自身的原因造成的。

喜欢抱怨的女人很难幸福。

有的女人，她的世界里只有抱怨，再抱怨，一直抱怨！没人想听抱怨，何况与自己朝夕相处的爱人。一辈子要在抱怨声中度过，这样的婚姻能幸福吗？

其实，不抱怨的人在婚姻中也不是一帆风顺，但是她们懂得及时化解，懂得知足，凡事往好的方面想，宽容他的小毛病、小缺点。

没有人喜欢祥林嫂，更不愿意和祥林嫂过一辈子。

亲爱的，停止抱怨吧，抱怨是无法改变他的，只会让他远离。抱怨无法让你得到你想要的，只会令你失去更多。只有先学着改变自己抱怨的状态，阳光积极起来，才有可能改变不满的现状。

不懂爱自己的女人很难幸福。

爱自己是女人一生的必修课。其实没有人可以爱你一辈子，除了你自己。

一个人的时候，学会爱自己，以后才会更懂得爱他、爱孩子、爱家人。

结婚生子以后，懂得爱自己，才能长久幸福。

你若不爱自己，谁来爱你！

你是他的参照物，你有多自爱，他就有多爱你。

不知足的女人很难幸福。

有的女人，拥有的并不少，但总是不知足，总是拿自己缺少的和别人拥有的比较，总是停留在羡慕他人的“不满”中。

“×××的老公又升官了……”

“×××的老公情人节给她买了名牌包……”

“×××的老公做的一手好菜……”

每个人都在被羡慕的同时羡慕着别人，每个人都在羡慕别人的同时被羡慕。

不懂控制欲望的女人很难知足常乐。

人生就像半杯水，很难有完满的时候。同样的半杯水，有的人看到的是缺少的那一半，有的人看到的是拥有的那一半。如果只看到缺少的那一半，那就是在扼杀快乐，就是在自我折磨。幸福与快乐的秘诀在于：要看到拥有的那一半，并享受已有的那一半。

不信任他人的女人很难幸福。

有的女人从来没信任过自己的枕边人，总是疑神疑鬼，查看老公的手机、QQ 等通讯工具，把老公认识的异性都当成情敌！

嫁人不疑，疑人不嫁。沙子抓得越紧漏得越快。亲爱的，你还有很多事情要做，都比当“家庭侦探”有意义！

滥情的女人很难幸福。

有的女人比男人还滥情，和老公以外的异性感情暧昧，纠缠不清。纸包不住火，到头来是自己亲手毁了原本拥有的幸福。

不懂洁身自好的女人，凭什么要求老公专情呢？

顽固不化的女人很难幸福。

有的女人总是在同一个地方摔倒，伤疤还没好就忘了痛，下次重蹈覆辙。这种女人不善于吸取教训、反省自我，听不进任何人的逆耳忠言，顽固不化。

修正性格中的重大缺陷是通往幸福之门的必经之路，能战胜自我，才能把握长久的幸福。

活在狭隘的自我里，就捂住了耳朵，封闭了心。久而久之，没人愿意提醒、提建议，任由其自生自灭——这是一个女人的悲哀啊！

没有底线和原则的女人很难幸福。

有的女人纵容老公一错再错，完全没有了自我，卑微地活着，没有尊严。

很多男人犯错是软弱的老婆娇惯、纵容的。

无论什么时候，无论他是什么人，你都要不卑不亢，宽容但有底线和原则，才能赢得尊重。

我的微信公众号里有很多留言，大部分是女性朋友的情感倾诉。我很高兴的是，很多朋友在经营情感以及身心灵的成长过程中不断反省自我，修正自我，完善自我，提升自我。

其实每个人在情感道路上都是这样走过来的，从不懂爱自己，不懂爱他人，到慢慢学会爱。区别只在于——有的人善于反省自我从而日益长进，而有的人固执己见、不思己过，因而止步不前，幸福与不幸福也渐渐在这一点上分出两条道路来。

遇见谁，如何抉择、相处，都与自身的修炼相关，能否幸福与走好每一步都息息相关，把握好了，我们才能拥有幸福。在寻找、保持幸福的道路上，更是需要不断修正和完善自我。

一个人长得漂亮，或才华横溢，或事业有成并不一定能拥有幸福的婚姻。幸福是一种能力，这能力包括：让自己幸福的能力，让他人幸福的能力。

红尘里的每个人，无论是谁，都要有修炼幸福的能力。

每个人都有让自己幸福的力量，每个人也都能通过修炼而使自己更加幸福。

每个男人都喜欢亲近善良温暖、阳光向上的女子。做最好的自己，你就配得上最好的爱。

你若盛开，清风自来。

这样的你，值得拥有幸福。

亲爱的，同你分享我的幸福能量心得，共勉哦——

保持微笑。笑是身心最好的保养品，也是让运气好起来的秘诀哦！

简单快乐。世事已很复杂，我们唯有保持简单快乐的心。

品享当下。世事无常太多，过去不复返，将来未知，唯有活在每一个当下。

心怀感恩。感恩拥有的一切，老天爷会给予你更多。

心宽如海。我们无法避免人生八苦，唯有让心更宽广，再多的苦在心海里也能消融。

掌控欲望。可以追求想要的一切，但要懂得知足，因为知足才能常乐。

要爱自己。懂得爱自己，对他人的爱才更有价值。

永远不要失去自我。做喜欢的自己，将优点和长处发挥到极致，就是成功。

做一个温暖的人。懂得温暖自己，舍得温暖他人，修炼一颗温暖有爱的心。

你的生命中，谁最重要

女人一生中会扮演很多种角色：女儿、闺密、知己、妻子、妈妈……不同时期都有不同的角色，随着角色的变化，会遇见不同的人，和不同的人相处、相伴。你可知道，在漫长的人生旅途中，什么人是你生命中最重要的、最珍贵的？

我们每天都在认识不同的新朋友，如果有缘，也会有一见如故，在短时间内走进我们的生活和内心深处，而且还能一辈子长久的好友，但这样的缘分可遇不可求，人生中更多能长久不变的情感，其实在我们什么都不是、什么都没有的时候就基本形成了。

比如亲人之间，虽然难免也会有争吵、生气的时候，但磕绊阻碍不了血浓于水的亲情，关键时刻，亲人始终陪伴你左右。有的为一点点利益不惜和亲人撕破脸，自相残杀。有的为某个糟糕的男人不顾家人苦口婆心的劝告，一意孤行，甚至和家人断绝往来。虽然家人反对的不一定都对，但一般来说必定是看清了男人的本性而担心你受苦受伤。

当你撞得头破血流回头时，家人的怀抱仍然向你敞开着。所以，当遇到家人反对的男人时，不要只顾冲动的情感，而是要冷静下来，好好想想家人的反对有没有道理，这个男人是不是真的值得自己不顾家人反对而以身相许。

比如闺中密友，当你一无所有的时候与你相扶相伴，虽然后来各自也有了很想走近的新朋友，但最能经得起时间、世事考验的，仍然是最初那患难与共走来的几个。曾经和你挤在一张小床上彻夜长谈的那个，曾经和你分吃一碗方便面的那个，曾经在你困难的时候主动塞钱给你的那个，曾经知道你的所有糗事却从不笑话你的那个，曾经忠言逆耳反对你和不靠谱的男人交往糟蹋自己的那个，曾经在你陷入恋爱迷途用尽力气把你拉回正轨的那个……

单身的时候，她们陪伴你走过孤苦的时光；当你有了爱人、孩子、家庭，记得无论多忙，都不要疏远、冷落了她们。在人生道路上，她们永远都是你最贴心的姐妹，你的幸福，少不了她们的温暖。

比如他。女人的一生中会不断出现男人，有的分不清哪个男人最重要。

在过去的恋人与如今相守的他之间分不清谁重要，在相依相伴的爱人和外界诱惑你的男人之间分不清谁重要。在过往刻骨铭心的爱恋与如今的平实幸福之间分不清哪个更重要。在平静稳定的家庭生活与偶尔外遇产生的激情之间分不清哪个更重要。

或许曾经拥有的爱恋惊天动地、轰轰烈烈，但最终与你相濡以沫的是身边不离不弃的爱人。曾经的爱恋即便再刻骨铭心，也抵不上如今的他平实的相伴。过往的感情只是老天爷在你寻找幸福的道路上对你的考验和历练，为的是让你在遇上真命天子时更懂得把握、珍惜他。

一个男人对女人最大的爱、最大的责任，是娶她为妻。那些口口声声说爱你却不能娶你的男人，你可以放在心里的某个角落，但你要明白，他不是你这辈子最重要的男人。你要把心思腾出来去寻找能托付终身的他。当和他修成正果，你的心思应该以他为重，而不是被还喊着爱你、不断干扰你、始终没有娶你的男人们所左右。

你的心思有限，心房有限，爱有限，如果一边想着与老公在婚姻里过日子，一边与他们背地里暧昧纠缠不清，总有一天，你会因为自己的糊涂因小失大，伤害甚至失去最重要的老公。真心爱你的男人不会干扰、破坏你来之不易的幸福，哪怕他再不舍，也会把情感藏在心里，默默祝福、关心你。

女人喜欢看偶像剧，然而现实生活和偶像剧截然不同。

偶像剧里，一个男人明知她爱着别人，甚至已经在一起，却还一直痴情无私付出的事情几乎不会发生在现实生活里。因为爱本身就是自私的，哪怕是一开始单相思的爱也是希望先付出，期待不久后有回应。对和自己的情敌已经恩爱的你，他最终会放弃对你的付出，慢慢转移目标。这是人之常情,不要沉浸在曾经的山盟海誓里,也不必抱怨他移情别恋,珍惜眼前的幸福才是最真切实在的。所以你要明白,不能奢求多情并存,而只能顾及最重要的爱人。

在这个问题上,无情比多情好啊。

《致我们终将逝去的青春》中的阮莞,好不容易要结婚了,可是在婚礼前不忍心拒绝曾背叛、辜负她的旧情人的约会,遭遇车祸失去了生命。闺密郑微哀其不幸、怒其不争地对她的遗体说:“你也就这点出息,我不会心疼你的!”

所以,身为女人,要想长久幸福,一定要明白:你的生命中,谁最重要。

不管曾经有多少情,最重要的,一定是相伴左右的老公,不要因为多情而影响自己的婚姻,爱要有原则。女人可以心态简单,可以在小事情上迷糊,但在这等人生大事、大原则上,一定要有清醒理性的认识,切不可犯糊涂啊!

不管我们有了多少新朋友,曾经有过多么刻骨铭心的爱恋,都应该首先珍惜历经岁月考验、相扶相伴走来的亲人和老朋友,珍惜眼前不离不弃的爱人。

如何让他非你不娶

——致优秀的你

亲爱的,我将正在读这篇文章的你,尊为优质女生,或正在力求优秀的女生。

我懂得你真正的优秀在哪里,懂得你努力追求优秀背后的艰辛,懂得你坚强外表下脆弱的内心,懂得你独立自强的外表下柔软的渴求,懂得你的苦衷和无奈……

正如,你对我的懂得。

很多优秀的女性选择了一个与自己相差甚远的男人。事业再成功,但婚恋不幸福,也终是女人最大的缺失。这是因为对自身的认识不够。

很多优秀的女性将外在条件视为最好的资本,心高气傲,看谁都觉得配不上自己,迟迟嫁不出去。这也是因为对自身的认识不够。

认识你自己——这是古希腊德尔菲神庙上铭刻的箴言。认清很难，识得更不易。也只有认识自己，对自身的长处和短处有客观、清醒的认知，观照内心，才能听到自己内心的声音，明白自己到底想要、适合什么样的生活和爱人，才能赢得幸福。

什么才是你身上最打动人心之处？到底是什么阻碍了你想要的姻缘？瓶颈在哪里？怎样让喜欢你的人娶你？

之前，你用心让自己优秀，那么，从这一刻开始，让我们一起来重新认知自己，开始用心对待你想要的幸福吧——因为，优秀的你，实在值得拥有幸福啊！

◎ “心优”才能成为真正的优质女

每年，各国议会联盟（IPU）都要发布一份有关妇女参政的调查报告。2012 年 3 月 2 日的报告显示，2011 年全球女性国会议员的平均代表比例为 19.5%，这一数字与 1995 年相比，增长了 60%，但与联合国提倡的 30%这一比例相比还有很大差距。

女性在社会重要领域中所占比例将越来越大，女性地位将越来越高，女性对自身的追求也将越来越多。然而，到底什么样的女性才是真正的优质女？

社会对优质女的评断也模糊不清，有的人将工作能力突出、能创造优越经济条件的女性认为是优质女，量化一点，有房有车就是优质女。

而有的人认为这些只是能力上的优秀，除此之外，还需要长相、气质、品位都非同一般。

不管他人怎样认为，无论是单方面的优秀还是才貌双全、德才兼备，我觉得更应该透过这些表象，看一看“心是否优秀”，“心优”才算得上是真正的优质女。

什么是“心优”？

心优的第一点——有超越平常小女子的心胸。在男人的词典里，“女人”就是“小肚鸡肠”的代名词。尤其是女人对女人的嫉妒心，简直是女人最大的劣根性。优质女不能做大女人，又不能只做传统意义上的小女人，应该做心胸宽广的“小女人”。优质女既要有小女人的妩媚、娇俏，又要有大女人的心胸宽广和大气。大气的女子无论在工作上、为人处世中、情感世界里，都能结更多善缘，让人轻松、舒心、自在。无论男女老少，都喜欢和不计较、宽容的人打交道。大气的女子，散发出独有的魅力，让人无法抵挡。

心优的第二点——有超越小我的善与爱。小我的善良，不足以在芸芸众生中突显；自我的爱，不一定带给别人幸福。大善——善意、善言、善行。有的女孩能力非常强，但自恃漂亮或有才华，待人冰冷、傲慢，吝啬对他人的鼓励和赞美；在男女相处中也是，从来只想听对方甜蜜的话语，而不懂得挑出对方的优点加以夸赞。大善，是需要语言和行动的。不说好话的女人，失去了女人特有的味道。有大爱的女子浑身散发着光和热，让身边的人如沐春风，由衷地想亲近她。

心优的第三点——美。一是生理的美，二是仪态的美。明眸皓齿，肤如凝脂，笑靥如花，活色生香，让人心生喜爱。身形优美，举止优雅，仪态万方，叫人如何能不动心？无论男女，都喜欢欣赏这样的美人。人体能携带大量信息。力求让自己在先天的外在条件下提升气质，提升穿着打扮的品位，这是优质女一生必修的课程。

女人的幸福与优秀的条件没有直接关系，但和心灵的优秀直接相关。

◎ 你的瓶颈在哪里

很多优质女摇头感叹：我这么优秀的女孩，为什么他们怕追我呢？优秀是我的错吗？难道是优秀阻碍了姻缘？

很多优质女不解：我这么好的女人，为什么还是单身一人呢？难道真的是我要求太高了吗？

看似应该嫁得好的女人为何难嫁？

我了解过大量的优质女，也采访了很多优质男，我发现，优秀的女孩子和优秀的男孩子很难走到一起。这是为什么？

“你喜欢女人优秀吗？”我问过数位优质男。

“优秀的人当然会喜欢优秀的人。”

“那为什么没有结缘呢？”

“因为她们把自认为的优秀当成骄傲和挑剔他人的资本。”

“那你喜欢什么样的优质女呢？”

“喜欢不把自己当优质女的优质女。”

从他们的回答和我遇见的优质女身上，可以总结出优质女寻找好姻缘的几大瓶颈：

一、优秀不是姻缘的阻碍，封闭、坚硬的内心才是真正的阻碍。

优质女接触的人并不少，结交的圈子相对一般女性来说更广。但优质女并没有真正打开心，用心去了解他人，而是太看重第一印象，太注重感觉。如果没有立即来电的对象，就不想再深入了解，迅速全盘否定。

很多女孩子在工作上非常能干，但在感情上，却紧闭着心门，有着拒人于千里之外的冷漠和坚硬的内心。男人不是要娶优秀的条件，而是希望找个让自己舒心的妻子，尤其，有骨气的男人，更加不会委曲求全。

二、在追求者面前放不下工作上的强势和内心的傲气，仿佛带刺的玫瑰。

优质女之所以成为了优质女，主要是在工作上勇于跻身于竞争之列，敢拼敢抢，脱颖而出。这在工作当中是优点，然而，换成在男女交往中，却成了最大的阻碍。而且我发现，越是在表象上显得强势的女人，内心越是脆弱不堪。聪明的女人知道以弱示人，借别人的强势弥补自

己的缺失。

不可否认，优质女的自尊心很强，自恃优秀而增长了内心的傲气。傲气不是优秀，只会加大人与人之间的距离。

亲爱的，你是很优秀，但他也很优秀；你的自尊心很强，他的自尊心也很强。我们已不再是豆蔻年华，他们也不再是激情飞扬的年龄，如果一味被动地等待追求，一味被动地接受对方的付出，不回应、不鼓励、不付出，即使他再喜欢你，也只能坚持一年半载。

我们不得不面对一个现实：在竞争激烈、速配速成的当下，男人很难有时间、有耐心坚持追求女孩子了。当他用心对待你时，你如同绝缘体，他得不到回应，最终坚持不了多久终会知难而退。

强势和傲气如同玫瑰花朵下面的刺，远观看不见，待他走近，一碰就被刺伤。亲爱的，修剪一下这些刺吧——别刺伤了对的人啊！

三、不愿意勇敢承认其实自己要求很高；要求很抽象，自己都不明确到底想要找个什么样的如意郎君。

亲爱的，有多少人曾这样说过你：不要太挑剔，要求不要太高哦！你肯定马上反驳：其实我要求不高啊，只要感觉好就行。

可是，亲爱的，你的要求绝非你如你说的不高。你努力让自己优秀，也是为了找到更优秀的他，这无可厚非，因为你值得拥有。你要勇于承认，你的要求就是高。可自相矛盾的是，你嘴上说没什么要求，但实际上，当拒绝一个又一个追求者时，事实证明了你的要求不是一般的高啊！

感觉好就行？那怎样才有感觉呢？这话太抽象，太含糊，不具体，不明确。你自己有没有真正面对过内心，问过自己：我到底想要怎样一个人呢？知道吸引力法则的朋友都知道——我们想要什么，就要勇敢地、大声地将愿望说出来！

亲爱的，请记住这句话：你想要的东西还没有得到，是因为，你要的东西还不够具体，不够明确！

所以，我希望单身的你，从这一刻开始，运用念力的秘密，把你想要的真命天子，勇敢地、自信地对身边的朋友说出来！别怕人家笑话你。你对地球说：我就是想要这样的人！到一定的时候，地球会回应你：好吧！我满足你的愿望！

不得不相信这事实背后的秘密：很多人就是这样找到幸福的！

四、交往的圈子中缺少可结婚的对象，无形中以已婚成功男士的标准做参照找对象。

优质女接触的圈子貌似不少，接触的优秀人士也比一般人接触的多，然而，绝大部分男士已婚。因为优秀，她们有大把机会接触这些成功的已婚男士，他们不仅事业成功，还懂人心，懂浪漫，懂关怀……貌似完美。这是绝大多数优质女渴望的理想对象，和他们接触得越多，就越觉得那些追求者太嫩、太不成熟……

然而，亲爱的，他们也是从有欠缺的青年走向成熟完美的啊！背后是——婚姻的打磨，另一个女人的打造。这个过程，省不了。

优质女的圈子看似大，但事实上，可以结婚的人非常有限。跳出固有的圈子，针对性地寻找可以结婚的对象，比和已婚男人谈情说爱靠谱！

越优秀的女人越希望找到一个让自己崇拜的男人，一个让自己力求完美的男人，而不是在他面前要刻意收敛自己的优秀的男人。

所以，女人的优秀不是寻找伴侣时的阻碍。你的优秀阻挡的只是不够有信心的男人，而真正有能力的男人也希望他的另一半优秀，共同长进的伴侣才可长久依存。男人需要冲刺的加油站，也需要缓冲、修复身心的港湾。他需要现代女性的智慧能干，他同样需要，传统女性的贤惠柔情。

◎ 如何让喜欢你的人娶你

不能否认，优质女比一般女子更容易被喜欢，被一见钟情的概率更高。可惜，喜欢的人很多，却迟迟没有想嫁愿娶的姻缘。

男人为何不想娶优质女？

有一项针对 25 ~ 40 岁的未婚女人的调查结果显示：一、大多数都不太年轻了，没有年轻女孩子的娇媚，吸引不了男人的目光。二、因为自己的条件好，所以挑男朋友时也很苛刻，让男人觉得很可怕。三、部分优质女的收入比较高，让男人有压力。四、她们往往事业心太强，总是把工作摆在第一位，没有时间照顾家庭。五、她们个性比较强，好胜、虚荣，脾气又不好，容易动怒。

这些原因中，前三条可以不理会、不将就，第四条、第五条却是可以也必须面对、调整的。

优质女最大的悲哀，是他人只看得到其工作上的优秀，习惯性地认为这种优秀代表着工作狂，不需要依靠，不会持家……却看不到生活中“有好老婆潜质”的一面。

男人要娶的是顾家的妻子，而不是工作狂。其实，据我了解，结婚后还想做工作狂的女人不多，大部分的优质女，都希望有个肩膀可以依靠，只是，在还没有找到依靠之前，只能将时间放到工作上。

问题是，如何让你想要的那个人打破惯性思维，认知到生活中真实的你——如果你是个很适合做老婆的优质女。

几年前，会有一些追求者请我吃饭。他们也许是故意为了迎合我，所以总是围绕着文学话题聊。其实我并不想谈文学，但我又不懂得应该转移话题，结果人家从来没有机会了解我生活中的一面。很多女孩子和曾经的我一样，约会时像傻瓜一样，总是谈工作，谈自己的喜好。我们面对的不是工作伙伴，而是有可能相守一生的伴侣，所以，应该有意识地聊聊生活，聊聊与婚恋有关的话题，从中了解真实的彼此。

亲爱的，回想一下，为什么闺中密友喜欢和你一起厮守，越来越离不开你？

因为她们懂得你的好。

她们为什么懂得你的好?

因为你在她们面前打开了心,放下了。

在她们面前,你没有戒备,没有提防,没有计较得失,没有顾虑受伤害,而是,以心交心,顺其自然地交往、相处。

在她们面前,你放下了工作上的面具、社会中的角色,放下了在男人面前的傲气和挑剔,放下了对自我尴尬、难堪的顾忌……总之,不再"端"着了。

其实,在他面前,也要像在她们面前一样。

亲爱的,或许你会说,我怎么才能做到对待刚认识不久的他像对待闺中密友一样呢?我知道,别看你在工作上非常有主见,能处理好各种关系,但,在男女相识之初,你未必比一般女孩子懂。

曾经,我也以为,在没有确定关系之前,没有办法像对待闺中密友一样对待自己也中意的追求者。

原来,正是那样的想法阻碍了我们打开心门。

后来才发现,一切的事情,都在于沟通。

沟通的前提是——打开心门。只有当自己没有设置沟通障碍的时候,对方才有机会连通到你的心。

语言是一门真正的艺术,要通过言语的表达,让对方多了解你生活中不为人知的一面,巧妙而自然地打破他关于优质女的惯性思维,打消他对你"不适合做妻子"的误解。收敛工作上强大而外露的锋芒、大女人的霸气、物质上的张扬……勇敢展露你的渴求、你的缺失、你的柔情、你的傻、你的脆弱……弱化你对工作的痴狂，强化你对家庭的看重……

女人的一生，就是不断走向完美的过程，因生命中的那个人而日益完美——这是女人一生中最幸福的修炼。

“当你出现在我的面前，我发现，原来，你就是我一直苦苦寻找了很久很久的那个优秀的小女人。百转千回，我找得快绝望时，终于觅得如此美好的你——我梦寐以求的新娘……”

晚婚更稳定，晚有晚的好

——致大龄未婚的你

亲爱的，我不想将大龄未婚的你称为“剩女”。“剩男”“剩女”这种词本身就带有偏见，不管是他人解恨还是自嘲，都是给大龄未婚的青年男女戴了一顶压力山大（意为压力很大）的帽子。

我们今天要谈谈，如何将这顶帽子变成一顶皇冠。

你的压力自不必说，来自社会和家庭以及自身等各个方面，各种担心、各种顾虑、各种害怕，压得你喘不过气来。

难道，大龄就是劣势吗？

不！

每个人姻缘的到来都有注定的时机，有的早一些，有的晚一些。但无论早还是晚，结婚不是终极目标，幸福持久的婚姻才是！早有早的好，晚也有晚的好。

晚婚有什么好处？先修炼好自己，有爱的能力、成熟的心智，缘分自然会适时来临。当遇见对的人，你才真正懂得如何爱，如何把握好幸福，才能修成正果，两个人相处得才更默契、更和美。

晚婚更稳定。

这世上没有无缘无故的幸福，幸福必定是修炼而来的。

爱的能力不是天生的，而是修炼而来的。爱自己，爱他人，两者相辅相成，缺一不可。有的人很爱自己，但只爱自己，即使爱他人，也只是为了爱自己。这样的人将爱建立在自我的基础上，难以给对方真正想要的爱。

有的人以他为中心，全心全意爱他，却不懂得爱自己，或者忽略了爱自己。这样的爱容易失去自我，甚至失去他。懂得爱自己，对他的爱才更有价值。你是他的参考物，你有多爱自己，他就有多爱你。

成熟的心智需要时间的沉淀和岁月的打磨。年龄大，并不代表心智也随之成熟了，在工作上能干并不代表在感情上有成熟的心智，为人处世圆融也不代表善于经营感情。

婚恋中，成熟的心智包括：

一、接纳不完美的自己、不完美的他、不完美的婚姻。

很多大龄未婚青年都是完美主义者。一个人可以对自己要求苛刻，追求完美，但不能以同样的标准要求他人完美。在择偶标准上，也要适当调整，好高骛远只会让自己耽误更久。

坚持你最想要的几条标准就好，其他的方面要舍得放宽。事事如意是表象，十全十美是假象。

婚姻里有更多不完美。“从此，王子和公主过上了幸福的生活”是童话故事的结尾，却是现实婚姻生活的开端。各种磨合、小吵小闹，甚至考验……在所难免。要有充分的心理准备，勇于面对，勇于接受。

二、剔除内心不实在的幻想，别把现实生活当偶像剧。

很多大龄未婚青年活在虚幻的自我世界里，把生活当偶像剧，抱着不切实际的幻想，过度在意形式上的浪漫，在意对方用甜蜜浪漫的言语表达爱。

婚姻离不开柴米油盐，七仙女嫁给董永之后也要食人间烟火。婚姻的幸福指数，与女主人是否善于持家息息相关。

只有当自己变实在了，才能找到实在的爱人，拥有平实的幸福。

三、宽容地对待他，对待婚姻。

“婚前要睁大眼睛，婚后要睁一只眼，闭一只眼。”这话不是没有道理。你是他朝夕相处的爱人，他在你面前最轻松、最真实、最自在。如果和“演员”生活在一块，彼此都很累。只有宽容地接纳他真实的缺点，才能营造轻松的家庭氛围。

婚姻中难免有不如意之处，如果不用一颗包容的心对待，容易生出抱怨来。心智成熟的女人懂得看淡、看开。

四、心安定了,家才能安定。心安稳了,家才能安稳。

很多大龄未婚青年之所以未婚,是因为心不安定,心性不稳。

想法太多,不专情,不定性,不知道什么才是最重要的……这些都不利于婚姻稳定。心不安稳,家则不安稳,幸福长久不了。

亲爱的,想定情,先定心吧。

有的大龄未婚青年的父母急得去找算命先生为女儿算姻缘。算命先生说,你女儿如果早婚,容易离婚,晚点结婚稳定些。

催嫁的父母听了这话释然了——如果要在女儿离婚和晚婚中选择一条,父母宁愿选择晚婚。

我们不谈论算命先生的话对不对,但是,的确,如果在心性不稳、心智不成熟的时候草率结婚,离婚的概率比较高。

这也是很多人的第一段婚姻以失败告终的原因!聪明的你应该知道——与其以离婚的教训做第二次婚姻的铺垫,还不如在结婚前多吸取别人的教训,多修炼自己,准备好,一旦结婚,就稳稳地幸福。

所以,亲爱的你,也许更适合晚婚,晚婚更稳定。

著名的宋氏三姐妹有晚婚的传统。

宋霭龄 25 岁结婚,宋美龄 30 岁出嫁,即使 22 岁嫁给孙中山的宋庆龄也比当时十七八岁就当妈的女子推迟结婚多年。

千万不要小看年龄的作用，女人在不同的年龄段对男人和生活的选择截然不同。

30岁的女子，更懂得婚姻中理想与现实的契合度，深知选择一个男人就是选择一种人生，婚姻对女人有着无可比拟的重塑功能。

放眼世界，29 岁的凯特至少击败了威廉的六名前女友，成为他最终的新娘；杰奎琳·肯尼迪改嫁希腊船王欧纳西斯时是 39 岁。

掌控婚姻主动权的励志姐从来都不是小女孩，人生的风向标也总是把握在成熟女人手中。

随着阅历的增长、心智的成熟，我越来越觉得——沉得住气是多么重要。无论在工作上还是在感情上，有时候我们按捺不住急切的心，急于求一个结果，反而事与愿违。其实，先沉下心来做好自己能做的，不受外界暂时的干扰，相信自己，相信福报，再给自己一点时间，真的会柳暗花明，峰回路转。

所以，亲爱的，再急也别自乱阵脚！越是紧要关头，越是要沉得住气啊！

当缘分到时，一切都很快，很快……

结婚、生子……虽然姗姗来迟，却会在最对的时机，如期而至……

将这首诗送给亲爱的你：

我等得太久

前世

我是你供于佛前的一株兰草

谦谦君子的模样

映在兰的心里

为了此生与你相爱

我修了一千年

修来如兰容颜

无数路人驻足观赏

却没有你

我心里只有你

于是

我又修了一千年

画地为湖

只可远观

不可涉足

仍然没有你

我等得太久

双眼被湖水雕刻成了蓝宝石

发丝被白云染成了发晶

衣裳被高山绣成了碧玉

如此 君啊

待你来时

要修多少年

才能融化等待的雕刻

穿破湖水山川的造化弄人

将心映于我心之上？

属于你的，终将到来

——致坚守自我的你

亲爱的，我将读到此文的你奉为我欣赏、喜爱的女子——也是众人欣赏、喜欢的女子。

亲爱的你，善良温暖，阳光向上；一直努力修炼自我，提升自我，完善自我；一直相信爱情，坚守自我，洁身自好，对感情宁缺毋滥。

亲爱的你，对于整本书写到的种种，都做得很好了，或者，正朝这个方向努力做得更好。

总之，亲爱的你，值得拥有幸福。

可是，到此刻为止，你还是单身。

幸福在哪里？ Mr. Right 在哪里？

亲爱的，我想告诉你，不是别的原因，只是缘分未到。

人生中很多事情，不是不会降临，而是要选择最合适的时机。姻缘更是如此。天时、地利、人和,万事俱备了,该来的自然就来了。

亲爱的,别急,别慌,别乱,别怕。

你的好,我懂;你的苦,我懂;你的渴求,我懂。

你把一个人的日子打理得很好。

趁还没有合适的人谈恋爱,你把心思投入工作中,工作做得不错。

大部分闲暇时间,你和闺中密友度过,孤独脆弱难过的时候,幸好有她们相伴。

优秀的你,有很多人喜欢你、追求你,但你坚持要等到最想要的那个人。

你上进,爱学习,床头放着喜爱的书,有时候会去听一听不错的课程。

总之,你过得很充实、很快乐。

然而,即便一个人的日子过得不错,但,你更渴望两个人的幸福。

一个人逛超市。看到超市里一家几口或成双成对的顾客,你多么希望亲爱的他陪你一起挑选喜欢的物品啊,有他帮你拎着大包小包,你只要在身旁小鸟依人就好。

一个人看电影。想等着可心的人陪你看浪漫大片,搞笑时俩人一起哈哈大笑,感动得流泪时有个人倚靠。可惜电影都下片了,他还没出现。于是,你不再为电影等待,想看就看,哪怕一个人哭,一个人笑。

一个人旅游。你很想去那个浪漫美丽的地方看看，可是风景再美，也无人共赏，你多么希望和亲爱的他手牵手一起笑看云起啊。

一个人吃饭。有时做了可口的饭菜，多么希望和他一起分享美味啊。其实，你乐意为亲爱的人下厨。

一个人孝敬父母。你是父母的好孩子，多么希望早日完成父母的心愿，和亲爱的他一起孝敬父母。尤其，当父母生病时，多么希望有他在身边一起照顾啊！

一个人睡觉。保守矜持的你，不接受任何暧昧的情感，洁身自好，遗世而独立，似乎连拥抱和牵手都离你好遥远。电视里播放的浪漫镜头也能把你感动得流泪。

你独立，自爱，上进，修炼最好的自己，都是为了等到命中注定的那个人，拥有最好的爱。

是的，亲爱的，修炼最好的自己，配得上最好的爱！

你有过的孤单、无奈、辛苦，我都有过。

我记得，我在丽江闭关修行写作的那段时间，承受了极致的孤独。那一年，那一日，丽江福国寺举行金刚灌顶法会，众多信徒沿着山路一跪三拜朝圣，我也加入了跪拜行列。正如仓央嘉措的《那一世》所写的：那一年／磕长头匍匐在山路／不为觐见／只为贴着你的温暖／那一世／转山转水转佛塔／不为修来世／只为途中与你相见。

当时，我在心里说：佛祖啊，我自认为是个好姑娘啊，我觉得我值得拥有好的爱人，值得拥有幸福啊，可为什么姻缘迟迟不现呢？

姻缘是如此神奇！不到一个月，我如今的先生就找到我了！不到一年，我们就结婚了！

有时缘分就是这么奇妙：有心栽花花不开，无心插柳柳成荫。

曾经独自的坚强化为今天的依靠，曾经的孤独化为今天的陪伴，曾经的坚守化为今天的幸福！

在寻找幸福的道路上，有时候，我们内心承受着很大的压力，找不到合适的人诉说，只能靠自己面对、化解，内心再强大的人也有这样的时刻，甚至脆弱无助得想哭。这时候，不妨放下平日的坚强，痛痛快快地哭出来。暂时解决不了理不清的事情，不如先放下，别急于求成，顺其自然。尽了七分人事，剩下三分不如听天命，相信缘分，相信因果福报。

每个人所处的阶段不一样，所以同一时期重心也不一样。不要盲目和他人比较，不要盲从，要明白自己最重要的事情是什么。不管要做什么样的打算，都要多听听内心的声音，一旦决定了，就要舍得放弃其他，安心、全情投入最重要的事情上来，不慌不乱，耐心从容。

人生是一个经历的过程，如同果实的成熟，每个过程都不可跨越，也不需要预知。命运虽有某些定数，但更多的希望在于我们边走边创造想要的生活，寻找想要的人。总有灰暗阴霾的时期要走过，但也正是成就我们变得更强大的考验。所以，亲爱的，别怕，别急，只要你耐心、安心走好每一步，相信上天不会辜负你！

亲爱的，不久后找到幸福的你，回首之前的历程，一定会感慨：在寻找幸福的道路上，只要自身很好，过程即使多些波折也无所谓，那只是为了让你等到真正懂得你的真命天子！这个过程考验信心和恒心，亲爱的，不要轻易放弃啊！要坚信：如果你本身已准备得很好了，就一定会有你想要的姻缘，如愿以偿地给你惊喜！

你这样美好的女子，每个人都喜欢亲近。只是，你要找到对的那个人。

找到对的人是多么重要啊！

在对的人眼里，你所做的正是他渴求的价值。

在对的人眼里，你是世上独一无二的，他能读懂你的可爱你的美你的魅力，无论缺点优点他就是喜欢。

找到了对的人，你所付出的努力，将会如愿以偿得到回报，你值得拥有。

找到了对的人，你所坚守的等待，终将修成正果，你值得幸福。

于是，在人生道路上，我们宁愿多花点时间，沉住气，耐心一点，多等一等，多找一找，也不要因着急而选错了人。在遇到好的机会、对的人之前，上天需要考验我们的意志，只有经受得住这份考验，才值得拥有幸福!

把这首诗送给期待美好姻缘的你:

什么是缘分
缘分就是看似偶然却是命中注定的必然
似前生有约　今生必定相逢
缘分就是不经意之间的碰撞
在两两相望的那一刻
眸中倒映出前世的影子
那未了的情缘
那一生的期盼
盈盈一水间
脉脉不得语

死生契阔　与子成说
执子之手　与子偕老
哪怕只有一面之缘
也成了生命中难以释怀的情缘

你相信吗

这个世界上

总有一双慧眼

会穿越芸芸众生

牵引着一生的期盼

缘定三生

后记：

做喜欢的自己 遇见想要的幸福

姻缘真是奇妙。记得写上一本书《遇见幸福，遇见爱》的后记时，我还没有 Mr.Right，到现在一年多的时间，我不仅“遇见幸福，遇见爱”结婚了，如今宝宝出生也已有百天了。

亲爱的，你也在为我感叹吧！缘分未到时，寻找幸福的过程感觉好漫长；而缘分降临时，一切都很快，快得像做梦一般。而这一切都是真的！

通过微博、微信公众号（兰心），很多女孩来信说，读了我的上一本书也“遇见幸福，遇见爱”了，和我分享结婚生子的喜讯。呵呵，真好！让亲爱的女孩们早日找到幸福，让男人们更懂得爱女人——这是我最大的欣慰。

可是为什么有的女性通过一本书或倾诉咨询找到了爱和幸

福,而有的女性始终与幸福擦肩而过呢?

因为每个女人的觉悟力不一样。有觉悟的女子,心是打开的,懂得谦虚地听从智者的引导;有觉悟的女子,善于反省,努力修正自身的不足;有觉悟的女子,领悟力强,不会再在同一个地方跌倒。觉悟力不一样,长进也不一样,提升自我的速度也不一样,和幸福的缘分也不一样。

每个女人的一生,都是身心灵的成长史。而每个有灵性的女人的一生,都是在一次又一次的觉悟中日益完美地生长。

书中有温暖的正能量引导,也有当头棒喝的警醒,都是希望亲爱的你在情感的道路上少走弯路,少受不必要的伤害。希望你懂得爱自己,懂得爱他,修炼幸福的能力,历练强大的内心。

亲爱的,不必费心研究男人,男人既复杂又简单。简单的是,男人喜欢的女人一直是那样的,不会改变。

你只要做好自己,修炼好自己。当你做好自己的时候,懂不懂男人已不重要。因为,有魅力、有吸引力、有温暖力的你是如此地美丽,男人会以你为中心,围着你转。男人会挖空心思研究你的喜好,献殷勤,讨好你。

三等女人围着男人转,二等女人和男人相互围着转,一等女人让男人围着她转。

身处这个时代的女性是幸福的，可以好好爱自己，可以自由地寻找想要的幸福，可以掌控命运做喜欢的自己，可以通过努力过上想要的生活。但同时，她们也要承受更多的压力，需要更强大的内心来面对外界的一切。

我是修佛之人，始终相信因果福报。我们要做好女人，更要做有智慧的好女人。智慧，对于一个女人的幸福来说，很重要。能否幸福，不是命好不好能决定的，而是有无爱的智慧决定的。

能否找到幸福、找到真爱，和每个女性的身心灵修炼息息相关。如何爱自己、爱他人，如何做个温暖的女子，温暖自己、温暖他人，如何在自我和爱人之间进行角色转换，如何在家庭与工作之间保持平衡一举两得，如何在亲密关系里修行……

幸福不会无缘无故降临，有的人一辈子都不会幸福，有的人即使幸福来得晚，但终究会有幸福的回报。遇见、抉择、相处都与自身的修炼相关，走好每一步都与幸福息息相关，把握好了，才能幸福。

所以，修炼爱的智慧，帮助自己的身心灵成长，是我们一辈子的事。

亲爱的，愿你做喜欢的自己，遇见想要的爱。

亲爱的，愿你的幸福早日驾到。

等着你的好消息哦！欢迎通过微信公众号给我留言，我会是你最知心的闺中密友。

最后,我想说的是感谢。

感谢每一位读者朋友一直以来的关注与支持!

感谢苏芩老师、浮石老师对本书的温暖推荐!

感谢兰心粉丝团和兰心读者会的大力支持!

感谢兰心工作室全体同仁的后盾支持!

感谢我亲爱的闺中密友们为本书树立幸福的榜样!

感谢我的先生为我提供坚强的后盾支持!

感谢时代出版传媒安徽文艺出版社朱寒冬社长和张妍妍编辑全心打造了这本积德的书!

于长沙幽兰居

2014年7月9日